技工院校"十四五"规划室内设计专业系列教材
中等职业技术学校"十四五"规划艺术设计专业系列教材

室内设计专业
毕业设计指导

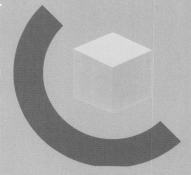

叶晓燕 冯晶 邓燕红 钟春琛 主编

叶志鹏 邝耀明 谢婕妤 罗雅文 副主编

U0278682

华中科技大学出版社
http://www.hustp.com
中国·武汉

内容提要

本书从室内设计专业毕业设计概述、毕业设计的表现形式与要求、毕业设计的步骤与技巧、毕业答辩技巧与成果评价、毕业设计实例评析五个方面对室内设计专业毕业设计课程进行了较深入的分析与介绍。根据学生就业岗位需求，合理制定了学习内容，注重理论与实践相结合，突出技工教育特色。采用实例图片，帮助学生对室内设计专业毕业设计的选题、表现形式、实施步骤与方法等加强理解和应用。书中案例既有典型的家居空间、办公空间选题，也加入了商业空间、民宿空间等选题，运用理实一体的方式展开知识点的讲解和实训练习。本书内容全面，条理清晰，注重理论与实践的结合，每个项目都设置了相应的实操练习，符合技工院校的人才培养需求，同时也可作为室内设计行业人员的入门教材。

图书在版编目（CIP）数据

室内设计专业毕业设计指导 / 叶晓燕等主编 . — 武汉：华中科技大学出版社，2022.7（2025.1 重印）

ISBN 978-7-5680-8437-6

Ⅰ . ①室… Ⅱ . ①叶… Ⅲ . ①室内装饰设计 - 毕业设计 - 高等学校 - 教学参考资料 Ⅳ . ① TU238.2

中国版本图书馆 CIP 数据核字 (2022) 第 119867 号

室内设计专业毕业设计指导
Shinei Sheji Zhuanye Biye Sheji Zhidao

叶晓燕 冯晶 邓燕红 钟春琛 主编

策划编辑：金 紫

责任编辑：周怡露

装帧设计：金 金

责任监印：朱 玢

出版发行：华中科技大学出版社（中国·武汉）　　　电　话：（027）81321913

　　　　　武汉市东湖新技术开发区华工科技园　　　邮　编：430223

录　排：天津清格印象文化传播有限公司

印　刷：武汉科源印刷设计有限公司

开　本：889mm×1194mm　1/16

印　张：10

字　数：306 千字

版　次：2025 年 1 月第 1 版第 2 次印刷

定　价：59.80 元

技工院校"十四五"规划室内设计专业系列教材
中等职业技术学校"十四五"规划艺术设计专业系列教材
编写委员会名单

● 编写委员会主任委员

文健（广州城建职业学院科研副院长）

王博（广州市工贸技师学院文化创意产业系室内设计教研组组长）

罗菊平（佛山市技师学院艺术与设计学院副院长）

叶晓燕（广东省城市技师学院环境设计学院院长）

宋雄（广州市工贸技师学院文化创意产业系副主任）

谢芳（广东省理工职业技术学校室内设计教研室主任）

吴宗建（广东省集美设计工程有限公司山田组设计总监）

曹建光（广东建安居集团有限公司总经理）

汪志科（佛山市拓维室内设计有限公司总经理）

● 编委会委员

张宪梁、陈淑迎、姚婷、李程鹏、阮健生、肖龙川、陈杰明、廖家佑、陈升远、徐君永、苏俊毅、邹静、孙佳、何超红、陈嘉銮、钟燕、朱江、范婕、张淏、孙程、陈阳锦、吕春兰、唐楚柔、高飞、宁少华、麦绮文、赖映华、陈雅婧、陈华勇、李儒慧、阚俊莹、吴静纯、黄雨佳、李洁如、郑晓燕、邢学敏、林颖、区静、任增凯、张琮、陆妍君、莫家娉、叶志鹏、邓子云、魏燕、葛巧玲、刘锐、林秀琼、陶德平、梁均洪、曾小慧、沈嘉彦、李天新、潘启丽、冯晶、马定华、周丽娟、黄艳、张夏欣、赵崇斌、邓燕红、李魏巍、梁露茜、刘莉萍、熊浩、练丽红、康弘玉、李芹、张煜、李佑广、周亚蓝、刘彩霞、蔡建华、张嫄、张文倩、李盈、安怡、柳芳、张玉强、夏立娟、周晟恺、林挺、王明觉、杨逸卿、罗芬、张来涛、吴婷、邓伟鹏、胡彬、吴海强、黄国燕、欧浩娟、杨丹青、黄华兰、胡建新、王剑锋、廖玉云、程功、杨理琪、叶紫、余巧倩、李文俊、孙靖诗、杨希文、梁少玲、郑一文、李中一、张锐鹏、刘珊珊、王奕琳、靳欢欢、梁晶晶、刘晓红、陈书强、张劼、罗茗铭、曾蔷、刘珊、赵海、孙明媚、刘立明、周子渲、朱苑玲、周欣、杨安进、吴世辉、朱海英、薛家慧、李玉冰、罗敏熙、原浩麟、何颖文、陈望望、方剑慧、梁杏欢、陈承、黄雪晴、罗活活、尹伟荣、冯建瑜、陈明、周波兰、李斯婷、石树勇、尹庆

● 总主编

文健，教授，高级工艺美术师，国家一级建筑装饰设计师。全国优秀教师，2008 年、2009 年和 2010 年连续三年获评广东省技术能手。2015 年被广东省人力资源和社会保障厅认定为首批广东省室内设计技能大师，2019 年被广东省教育厅认定为建筑装饰设计技能大师。中山大学客座教授，华南理工大学客座教授，广州大学建筑设计研究院室内设计研究中心客座教授。出版艺术设计类专业教材 120 种，拥有自主知识产权的专利技术 130 项。主持省级品牌专业建设、省级实训基地建设、省级教学团队建设 3 项。主持 100 余项室内设计项目的设计、预算和施工，内容涵盖高端住宅空间、办公空间、餐饮空间、酒店、娱乐会所、教育培训机构等，获得国家级和省级室内设计一等奖 5 项。

● 合作编写单位

（1）合作编写院校

广州市工贸技师学院

佛山市技师学院

广东省城市技师学院

广东省理工职业技术学校

台山市敬修职业技术学校

广州市轻工技师学院

广东省华立技师学院

广东花城工商高级技工学校

广东省技师学院

广州城建技工学校

广东岭南现代技师学院

广东省国防科技技师学院

广东省岭南工商第一技师学院

广东省台山市技工学校

茂名市交通高级技工学校

阳江技师学院

河源技师学院

惠州市技师学院

广东省交通运输技师学院

梅州市技师学院

中山市技师学院

肇庆市技师学院

江门市新会技师学院

东莞市技师学院

江门市技师学院

清远市技师学院

山东技师学院

广东省电子信息高级技工学校

东莞实验技工学校

广东省粤东技师学院

珠海市技师学院

广东省工商高级技工学校

广东江南理工高级技工学校

广东羊城技工学校

广州市从化区高级技工学校

广州造船厂技工学校

海南省技师学院

贵州省电子信息技师学院

（2）合作编写企业

广东省集美设计工程有限公司

广东省集美设计工程有限公司山田组

广州大学建筑设计研究院

中国建筑第二工程局有限公司广州分公司

中铁一局集团有限公司广州分公司

广东华坤建设集团有限公司

广东翔顺集团有限公司

广东建安居集团有限公司

广东省美术设计装修工程有限公司

深圳市卓艺装饰设计工程有限公司

深圳市深装总装饰工程工业有限公司

深圳市名雕装饰股份有限公司

深圳市洪涛装饰股份有限公司

广州华浔品味装饰工程有限公司

广州浩弘装饰工程有限公司

广州大辰装饰工程有限公司

广州市铂域建筑设计有限公司

佛山市室内设计协会

佛山市拓维室内设计有限公司

佛山市星艺装饰设计有限公司

佛山市三星装饰设计工程有限公司

广州瀚华建筑设计有限公司

广东岸芷汀兰装饰工程有限公司

广州翰思建筑装饰有限公司

广州市玉尔轩室内设计有限公司

武汉森南装饰有限公司

惊喜（广州）设计有限公司

序 言

技工教育是中国职业技术教育的重要组成部分，主要承担培养高技能产业工人和技术工人的任务。随着"中国制造2025"战略的逐步实施，建设一支高素质的技能人才队伍是实现规划目标的必备条件。如今，技工院校的办学水平和办学条件已经得到很大的改善，进一步提高技工院校的教育、教学水平，提升技工院校学生的职业技能和就业率，弘扬和培育工匠精神，打造技工教育的特色，已成为技工院校的共识。而技工院校高水平专业教材建设无疑是技工教育特色发展的重要抓手。

本套规划教材以国家职业标准为依据，以培养学生的综合职业能力为目标，以典型工作任务为载体，以学生为中心，根据典型工作任务和工作过程设计教材的项目和学习任务。同时，按照职业标准和学生自主学习的要求进行教材内容的设计，结合理论教学与实践教学，实现能力培养与工作岗位对接。

本套规划教材的特色在于，在编写体例上与技工院校倡导的"教学设计项目化、任务化，课程设计教、学、做一体化，工作任务典型化，知识和技能要求具体化"紧密结合，体现任务引领实践的课程设计思想，以典型工作任务和职业活动为主线设计教材结构，以职业能力培养为核心，将理论教学与技能操作相融合作为课程设计的抓手。本套规划教材在理论讲解环节做到简洁实用，深入浅出；在实践操作训练环节体现以学生为主体的特点，创设工作情境，强化教学互动，让实训的方式、方法和步骤清晰明确，可操作性强，并能激发学生的学习兴趣，促进学生主动学习。

为了打造一流品质，本套规划教材组织了全国40余所技工院校共100余名一线骨干教师和室内设计企业的设计师（工程师）参与编写。校企双方的编写团队紧密合作，取长补短，建言献策，让本套规划教材更加贴近专业岗位的技能需求和技工教育的教学实际，也让本套规划教材的质量得到了充分保证。衷心希望本套规划教材能够为我国技工教育的改革与发展贡献力量。

技工院校"十四五"规划室内设计专业系列教材 总主编

教授 / 高级技师 **文健**

2020 年 6 月

前言

　　毕业设计是室内设计专业人才培养方案中重要的教学环节之一，作为综合实践课程一般安排在最后一学年。学生在老师的指导下初步尝试独立或团队合作完成室内设计工作项目，目的是培养学生综合运用所学的专业理论知识与基本职业技能，在实践过程中提升解决问题的能力，并结合市场的需求，将所学知识与技能重新梳理，使其更加系统化和综合化。

　　毕业设计是对设计类专业的学生在校学习生涯的总结与检阅，是学校学习与社会学习之间的衔接与过渡，既体现对学校各课程所教授知识和技能的综合掌握及灵活运用，同时也展现了学校、学生与企业、社会之间的互动与促进。

　　毕业设计是室内设计专业的一门必修专业课程，这门课程对于培养学生的设计分析能力、创意想象能力、图形表达能力、读图和绘图能力、语言表达能力等起着非常重要的作用。本书从室内设计专业毕业设计概述、毕业设计的表现形式与要求、毕业设计的步骤与技巧、毕业答辩技巧与成果评价、毕业设计实例评析五个方面对室内设计专业毕业设计课程进行了较深入的分析与介绍。根据学生就业岗位需求，合理制定了学习内容，注重理论与实践相结合，突出技工教育特色。采用实例图片，帮助学生对室内设计专业毕业设计的选题、表现形式、实施步骤与方法等加强理解和应用。书中案例既有典型的家居空间、办公空间选题，也加入了商业空间、民宿空间等选题，运用理实一体的方式展开知识点的讲解和实训练习。本书内容全面，条理清晰，注重理论与实践的结合，每个项目都设置了相应的实操练习，符合技工院校的人才培养需求，同时也可作为室内设计行业人员的入门教材。

　　本书在编写过程中得到了广东省城市技师学院、阳江技师学院、江门市新会技师学院、中山市技师学院、佛山市技师学院等兄弟院校师生的大力支持和帮助，在此表示衷心的感谢。由于编者的水平有限，书中不足之处敬请读者批评指正。

叶晓燕

2022 年 5 月

课时安排（建议课时 126）

项目	课程内容		课时	
项目一 室内设计专业毕业设计概述	学习任务一	毕业设计的目的和作用	2	
	学习任务二	毕业设计的基本要求	2	8
	学习任务三	毕业设计的选题来源	4	
项目二 毕业设计的表现形式与要求	学习任务一	设计文案表达	4	
	学习任务二	施工图规范表达	6	
	学习任务三	室内设计效果图表现	6	28
	学习任务四	图册以及展板的排版形式	6	
	学习任务五	制作 PPT 与排版	6	
项目三 毕业设计的步骤与技巧	学习任务一	毕业设计选题的确立	4	
	学习任务二	毕业设计调研与任务安排	4	
	学习任务三	毕业设计方案推进过程	6	
	学习任务四	毕业设计中期汇报与注意事项	6	44
	学习任务五	毕业设计作品的制作与完善	12	
	学习任务六	毕业设计 PPT 制作	6	
	学习任务七	毕业设计展板的设计方法与要求	6	
项目四 毕业答辩技巧与成果评价	学习任务一	毕业答辩准备工作	6	
	学习任务二	毕业答辩的技巧	6	30
	学习任务三	毕业设计的成果评价标准	18	
项目五 毕业设计实例评析	学习任务一	居住空间选题	4	
	学习任务二	商业空间选题	4	
	学习任务三	乡村民宿改造选题	4	16
	学习任务四	公共空间设计选题	4	

目　录

项目一

室内设计专业
毕业设计概述

学习任务一 毕业设计的目的和作用

教学目标

（1）专业能力：通过呈现用人单位对毕业设计的调研数据，让学生明确毕业设计的重要性、目的以及作用，并要求学生从专业、应用、创新的角度来完成毕业设计。

（2）社会能力：关注日常生活中能作为毕业设计的选题，收集往届不同类型选题的优秀案例。

（3）方法能力：在生活和学习中观察不同类型的优秀毕业设计案例，提升搜集、整理资料和自主学习能力，以及设计案例分析应用能力和创造性思维能力。

学习目标

（1）知识目标：掌握毕业设计的概念、目的与作用。

（2）技能目标：能从专业性、应用性、创新性角度赏析同类院校的毕业设计作品。

（3）素质目标：具备一定的分析能力以及综合审美能力。

教学建议

1. 教师活动

（1）教师在课堂上通过讲授、图片展示进行案例分析，并通过对往届毕业设计作品的分析与讲解，引导学生明确毕业设计的重要性。

（2）遵循以教师为主导、以学生为主体的原则，将多种教学方法，如分组讨论法、现场讲演法、横向类比法等进行结合，激发学生学习毕业设计的积极性。

2. 学生活动

（1）学生在课堂聆听教师讲解毕业设计案例，并进行归纳和总结。

（2）结合课堂学习选择相关书籍阅读，拓展对室内设计毕业设计的理解，课后大量阅读优秀的设计案例，提高设计鉴赏的能力，为今后的工作奠定扎实的基础。

一、学习问题导入

今天我们一起来学习室内设计专业毕业设计的目的与作用。首先我们看一份用人单位对技工院校毕业设计的调研数据，来了解用人单位对毕业设计的看法。本次调研的对象为珠三角地区室内设计行业的 31 家企业，本次调查通过问卷的形式进行，调查结果如下。

（1）93.55% 的企业招聘技工院校的毕业生或实习生。

（2）54.84% 的企业在招聘技工类院校室内设计专业的毕业生时，认为毕业生的毕业设计有重要的参考价值，35.48% 的企业没有特别要求，但认为提供毕业设计更好。

（3）64.52% 的企业希望毕业设计由学生独立完成，这样能充分体现学生的独立思考能力以及个人专业水平；35.48% 的企业希望由小组分工合作完成毕业设计，企业认为项目团队分工协助完成不仅能提高组员的设计能力，而且可以培养合作意识，满足合作共赢时代的需求。

（4）企业希望室内设计专业毕业设计选题来源如图 1-1 所示。从中可见，企业更加倾向毕业设计的选题能贴合市场、贴合实际，让学生学习的专业知识以及技能应用到实际工作中，并具备善于发现问题、思考问题、解决问题的能力。

（5）企业建议毕业设计的选题类型如图 1-2 所示。

（6）企业在查看应聘者的毕业设计时会关注如图 1-3 所示的内容。可见，企业比较关注学生的设计创意理念、施工图绘制技能、工艺的运用以及对毕业设计内容的口头表述能力。另外学生的文案编写能力和排版能力也是企业关注点之一。

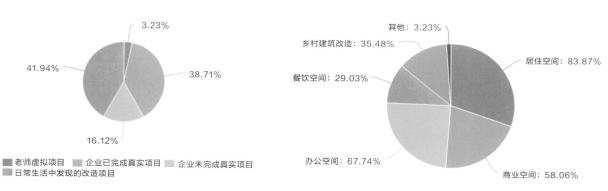

图 1-1　企业希望室内设计选题来源　　　　图 1-2　企业建议毕业设计的选题类型

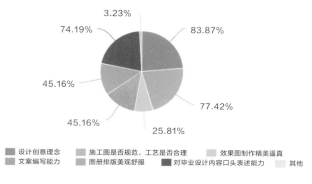

图 1-3　企业关注的毕业设计的内容

（7）国家大力倡导在职业教育中深入开展校企合作，产教融合。在毕业设计环节学校往往邀请企业参与学生的毕业设计创作，为期约2个月，将企业的真实项目交给学生，让学生参与从设计任务下达、现场调研量尺、按企业要求做图，到企业派专家参与答辩考核等过程，学校老师和企业设计师共同指导学生。这种毕业设计开展的模式，有83.87%的企业表示愿意参与，认为校企共同参与，有利于学生运用知识并得到成长，也是企业甄选人才的一种渠道，但前提条件是学生能真正用心参与项目，并积极配合企业的时间来完成。而有16.13%的企业表示由于公司业务繁忙，没有时间和精力参与毕业设计指导。

（8）若诚邀企业参加学生的毕业设计答辩，企业提问的内容侧重于以下方面：设计创意思路、沟通协调技巧和装饰材料运用，如图1-4所示。

（9）企业对技工院校室内设计专业毕业生的技能要求如图1-5所示，企业更加关注学生的施工图制图能力、与客户沟通的能力、效果图制作能力和办公软件操作能力。

（10）企业对技工院校室内设计专业毕业生的职业素养要求如图1-6所示。

| 图1-4　企业提问的内容 | 图1-5　企业对毕业生的技能要求 |

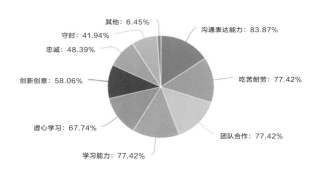

图1-6　企业对毕业生的职业素养要求

从以上调查数据可以看出，毕业设计是校企双方都非常重视的一个教学环节，它既是毕业生对在校学习阶段的总结，也是一次展示自己专业能力与技能的难得机会。对于同学们而言，毕业设计作品还是大家找到理想工作的"敲门砖"。

二、学习任务讲解

1. 室内设计专业毕业设计的目的

毕业设计是室内设计专业人才培养方案中最重要的教学环节之一。它作为综合实践课程，一般安排在最后一学年（学期）。学生在老师的指导下初步尝试独立或合作完成室内设计项目，目的是培养学生综合运用所学的专业理论知识与基本职业技能，在实践过程中提升解决问题的能力，并结合时代和市场的需求，将所学知识与技能重新梳理，使其更加系统化和综合化。

毕业设计是对学生在校学习生涯的总结，是学校学习与社会学习之间的衔接。它既展现了学生对所学知识和技能的掌握及灵活运用情况，同时也展现了学生、学校与企业、社会之间的互动与促进。

2. 室内设计专业毕业设计的作用

（1）毕业设计旨在帮助学生巩固专业知识与技能，在搜索设计资料时了解专业新视角、新动态及新发展，并将其灵活运用于毕业设计中。同学们应学会阅读参考文献，掌握收集、分析、运用资料的方法，以及掌握规范设计的程序与方法，具备自我学习能力以及实践应用能力，并通过毕业答辩。

（2）毕业设计是一个综合性很强的实践任务，通过选题、市场调研、项目分析、搜集资料、设计方案、图纸制作、排版、汇报等一系列活动，培养学生的创意思维能力、动手能力，掌握施工工艺，培养学生综合组织、管理设计项目的能力以及沟通协调的能力。

（3）2021年8月12日发布的人社部发 [2021]30 号《人力资源社会保障部 国家发展改革委 财政部关于深化技工院校改革 大力发展技工教育的意见》中提到，大力加强校企合作 ，课程内容与职业标准对接，教学过程与工作过程对接。在企业与院校调研过程中发现，校企双方都赞同毕业设计引入企业实际工程项目以及评价标准，校企共同参与指导与评价，针对市场需求进一步培养学生的创新应用能力，使其技能水平与市场的匹配度更高。

三、学习任务小结

通过本次任务的学习，同学们已经初步了解了室内设计专业毕业设计的目的与作用，更加明确了毕业设计的重要性。通过企业对室内设计专业学生毕业设计的调研，同学们可了解室内设计专业毕业设计的思路和重点内容。

四、课后作业

（1）搜集优秀的毕业设计案例，从专业性、应用性、创新性的角度进行赏析。

（2）收集同类院校室内设计专业的优秀毕业设计作品。

学习任务 二　毕业设计的基本要求

教学目标

（1）专业能力：了解毕业设计的基本要求，能按要求完成毕业设计。

（2）社会能力：了解室内设计师的岗位要求。

（3）方法能力：具备一定的资料搜集、整理和归纳能力，以及设计案例分析应用能力和创造性思维能力。

学习目标

（1）知识目标：掌握毕业设计的基本要求和主要内容。

（2）技能目标：能够按照毕业设计的基本要求和规范顺利完成毕业设计。

（3）素质目标：能够培养分析能力以及综合设计能力。

教学建议

1. 教师活动

（1）教师对往届毕业设计作品进行分析与讲解，让学生明确毕业设计的基本要求。

（2）教师将多种教学方法，如分组讨论法、现场讲演法、横向类比法等有机结合，激发学生进行毕业设计创作的积极性，变被动学习为主动学习。

2. 学生活动

（1）学生在课堂聆听老师的讲解与分享的案例，了解毕业设计的基本要求。

（2）拓展对室内设计师基本工作内容的理解，课后大量阅读成功的设计案例，深入了解室内设计工作要求及工作内容，为今后的工作打下坚实基础。

一、学习问题导入

今天我们一起来学习室内设计专业毕业设计的基本要求。毕业设计旨在检验学生对所学专业知识的整体理解能力与应用能力，能够全面体现学生的专业技能。同时，毕业设计可以锻炼学生的专业实践能力，提高分析和解决室内设计相关问题的能力，提升学生的创新意识和专业素质。

二、学习任务讲解

1. 毕业设计的要求

毕业设计应做到立足实际、表达清晰、功能合理、构思新颖、方案完整、细节到位、图文并茂。学生在教师指导下，通过单项设计，综合运用所学过的基础理论和专业知识，以提高分析和解决实际问题的能力，熟悉室内设计的内容和程序。

（1）毕业设计主题根据需要选择合适的选题，鼓励用实际案例作为毕业设计选题。

（2）选题确立后，还有市场调查、资料查阅和分析、初步构思方案、草图绘制、方案确定、精细加工、装裱成册等过程。

（3）所有设计要求电脑制图（部分效果图可手绘），并附详细设计说明，一律用 CMYK 色彩模式输出打印稿。

（4）设计完成后，把设计方案制作成 PPT，以备答辩之用。

（5）导师敦促学生对不足之处进行修改，学生应在规定时间完成。

2. 毕业设计的内容

（1）平面图、天花图、地花图（可与平面图结合）、水路布置图、强弱电布置图、开关布置图，比例尺为 1 ：100。

（2）主要立面图（不少于 4 个主要立面），比例尺为 1 ：50。

（3）主要空间室内透视图（彩色，不少于 4 张，表现方式不限）。

（4）细部设计图（表达方式自定）。

（5）设计说明（包括业主背景、室内设计特点、风格等，字数 200 字以内）。

（6）图纸规格为 A3（可根据实际情况跟导师商量调整）。

（7）毕业设计图册（尺寸可根据实际情况跟导师商量调整）。

（8）毕业设计展板（尺寸根据展览现场进行调整）。

（9）毕业设计模型制作（可根据实际情况选做），比例尺为 1 ：100。

3. 毕业设计的流程

（1）概念设计和意向图配置。毕业设计的第一步是进行室内空间的总体规划，并配置相关区域的设计意向图，最终制作成概念设计图册。

（2）绘制设计构思草图和制作效果图。根据室内各个空间的功能需求绘制空间设计构思草图，并根据设计构思草图制作真实感较强的电脑效果图。

（3）根据确定的电脑效果图绘制施工图。

（4）优选 5 ～ 10 张平面图、设计构思草图、电脑效果图和施工图，结合平面版式设计，将毕业设计制作成展板进行展示。

4. 毕业设计选题和形式

（1）毕业设计的选题应当在室内设计专业范围之内，并符合室内设计专业的特点。

（2）毕业设计选题需由指导教师最终审定。

（3）选题需要结合学生的室内设计实践，提倡选择应用性较强的课题，特别鼓励有创意、艺术性强、能落地的室内设计。

（4）毕业设计应由学生在导师的指导下独立或者小组合作完成，杜绝一切抄袭、剽窃行为。一人一题或者小组分工合作完成选题。

5. 毕业答辩

（1）答辩前一周，学生将装订成册的设计成果和资料，包括毕业设计汇报 PPT 和毕业设计图册、设计展板电子稿送交导师审阅，并在导师审核后准备答辩所需的毕业设计汇报 PPT、毕业设计图册和设计展板。

（2）毕业设计答辩讲解时间为 10 分钟，教师提问及学生答辩时间控制在 15 分钟以内。同学们应提前做好答辩的汇报准备工作，包括预设提问的备案、演示 PPT 文件、必要支撑材料、记录用笔纸等。毕业设计答辩完成后，学生应按照答辩指导教师的修改意见认真完善毕业设计，修改完毕后，上交彩色毕业设计打印稿备查留档。

6. 毕业展览

（1）设计展板（彩色打印，尺寸 90cm×120cm（根据展览现场最终确定尺寸），分辨率为 300dpi，颜色模式为 CMYK。

（2）设计模型 1 件 / 套（可根据实际需要选做）。

（3）毕业设计图册（A4 规格、彩色打印、CMYK 模式、装裱成册）。

三、学习任务小结

通过本次任务的学习，同学们已经初步了解了室内设计专业毕业设计的基本要求和流程，明确了毕业设计的内容与规范。课后，大家要收集往届毕业生的毕业设计资料，以及其他同类院校学生的毕业设计作品，逐步清晰毕业设计的流程。

四、课后作业

搜集往届优秀的毕业设计案例，从专业性、应用性、创新性的角度进行赏析，并与大家分享毕业设计的要求。

学习任务 三　毕业设计的选题来源

教学目标

（1）专业能力：通过讲解室内设计的发展状况提出选题的来源，让学生明确毕业设计选题的方向，并要求学生确定毕业设计选题。

（2）社会能力：收集优秀室内设计案例的文案和设计说明，寻找毕业设计主题灵感。

（3）方法能力：具备信息和资料收集的方法能力，设计案例分析方法、提炼方法及应用能力。

学习目标

（1）知识目标：了解室内设计发展方向，掌握毕业设计选题的方向和类别。

（2）技能目标：能够从专业性、应用性、创新性了解毕业设计选题的方向。

（3）素质目标：培养自己的分析能力、综合的审美能力以及判断选题创新性的能力。

教学建议

1. 教师活动

（1）教师前期收集一些优秀室内设计案例的图片并展示，讲解优秀方案的主题创意，让学生对毕业设计选题有初步认识。同时，运用多媒体课件、教学视频等多种教学手段，讲授学习要点，启发学生思考毕业设计选题。

（2）教师通过展示优秀往届毕业设计作品，让学生拓展毕业设计选题来源，并探索更好的图示表达方式。

2. 学生活动

（1）聆听老师的讲解的优秀毕业设计案例，思考毕业设计的选题。

（2）拓展对室内设计毕业设计的理解，提高毕业设计的创作能力。

一、学习问题导入

首先，请同学们思考，选题来源具体包括哪些内容。从空间类型上来讲，室内设计专业毕业设计选题包括居住空间、展示空间、餐饮空间、办公空间、商业空间等。下面，我们来学习毕业设计选题来源的相关内容。

二、学习任务讲解

1. 室内设计毕业设计选题的要求

毕业设计的选题应符合本专业的培养目标和教学要求，实现学校与用人单位具体岗位或者岗位群之间的有效衔接，毕业设计的选题必须紧密结合企业岗位或者岗位群的实际要求，紧密结合企业或行业的规定，具有专业性、应用性和创新性。而学生要根据自己的实际情况和专业特长，选择适当的主题和方向，制作出符合要求的设计方案。

2. 室内设计发展方向

室内设计是一种理想的内部环境设计，可满足人们生活和工作的物质和精神要求。它与人们的生活密切相关，因此迅速发展成为具有强烈专业性的新兴学科。室内设计大致有以下新趋势。

（1）回归自然。

随着环保意识的增强，人们渴望自然，并希望生活在自然环境中。在此基础上，设计师努力创造出回归自然的室内环境，以满足这一要求。

（2）注重艺术性。

室内环境的规划与设计具有艺术性，它是对室内空间的艺术化处理，空间的造型、色彩、材质、照明、陈设搭配等方面都需要进行艺术化设计，让室内环境得到美化。

（3）高度现代化。

随着科学技术的发展，室内设计中采用了很多现代高科技技术，实现了声、光、色、形匹配的效果，营造高度智能化、信息化的场景。

（4）个性化。

随着物质生活的不断丰富和人们审美水平的不断提高，追求个性化成为一种趋势。个性化设计追求新颖和独特，有别于千篇一律的传统装饰风格，为室内设计创作提供了空间。

3. 毕业设计选题类别

毕业设计选题类别见表1-1。

表 1-1　毕业设计选题类别

序号	设计类别	具体种类	设计具体要求
1	展示类	展馆类：美术馆、博物馆、科技馆 小型商业空间类：专卖店	① 展示设计内容包括空间布局、照明、色彩、展品、展架等； ② 展示设计要简洁、清晰，快速有效地传递信息； ③ 展示设计要突出重点； ④ 展示设计要明确表达主题，明确传达信息； ⑤ 展示设计要有醒目的标志和商业形象； ⑥ 展示设计要考虑人流和动线设计
2	办公类	商业办公 行政机关办公	① 对企业类型和企业文化深入理解，设计出体现企业风格和经营理念的办公空间； ② 了解行政机关单位的工作性质和工作流程，结合各部门的需求进行办公空间设计；遵循简洁、实用的设计理念，营造舒适、安静的办公氛围；倡导环保设计，注重节能
3	休闲娱乐类	健身空间 酒吧空间：居酒屋、KTV 等空间	① 了解各商业业态的经营模式和功能需求； ② 了解各商业业态的发展潮流以及流行的装饰风格和设计手法； ③ 了解娱乐空间的声学处理知识，将声学和美学有机结合； ④ 确保娱乐活动的安全性
4	餐饮空间类	中餐厅 西餐厅 快餐厅	① 注重以人为本的设计原则，注意餐厅的人体工程学尺寸设计和环境氛围营造； ② 注意功能分区及空间形态的多样化，布置合理，色彩和谐，环境舒适； ③ 装饰材料选用得当并注重材料的环保性； ④ 有明确的设计风格； ⑤ 满足工程技术要求，合理设计声、光、温度等所需设备
5	医疗保健空间类	医院 专科疗所	① 创造舒适、安静的空间环境； ② 合理规划室内布局，以及室内景观、色彩、材料、设备
6	其他	幼儿园 艺术培训机构	① 营造安全、快乐的空间氛围，促进幼儿的交流、分享和互动； ② 确定空间主题，打造智慧空间

4. 以校企合作的设计项目为选题方向

校企合作的毕业设计模式是指学校与企业共同参与毕业设计全过程的一种方式。它以就业为导向，以企业实际项目为依托，以培养学生的设计实践能力为目的，以学生的专业方向以及学生在企业的实习、实践活动为选题基础，利用学校和企业两种不同的资源，将毕业设计与学生未来从事的职业、岗位有机结合起来，使学生的毕业设计不仅是完成学习任务、获取学位的一种凭证，也是学生就业的铺垫。

毕业设计选题方向的确定是一个复杂的过程，既要反映学生对专业知识的综合应用能力，从而达到培养学生分析问题、解决问题的能力，又要体现室内设计专业的特点。校企合作的毕业设计题目由企业负责，可以从企业的实际出发，选择有特定需求和针对性的题目，比如企业已经完成的项目或正在进行的项目，充分保证学生毕业设计题目来源的可行性和真实性，这既能弥补毕业设计和社会需求接轨上的不足，又能够提高教师和学生的实践能力。

5. 毕业设计选题注意事项

（1）真题真做。

选用真实的设计项目作为毕业设计的题目，既可以锻炼学生的设计实战能力，又可以创造一定的经济价值。

（2）真题假做。

这种方式一般是指教师选用事先已完成的设计项目，或正在实施的设计项目作为毕业设计题目。这种方式可以有效地传递真实设计项目过程中的重要节点，指导学生按照时间节点和客户需求进行毕业设计。

（3）假题假做。

这是一种常见的选题方式，由学生根据自己的兴趣点发挥想象力，用模拟的工程项目作为毕业设计题目。这种方式可以最大限度地发挥学生的创意思维能力，约束较少。

三、学习任务小结

通过本次任务的学习，同学们已经初步了解了室内设计专业毕业设计的选题来源，更加明确了毕业设计的选题方向。课后，同学们要仔细阅读和分析优秀的室内设计毕业设计作品，找出其亮点，为毕业设计选题做好准备。

四、课后作业

收集优秀毕业设计案例，从专业性、应用性、创新性的角度进行赏析，并与大家分享。

项目二

毕业设计的表现形式与要求

学习任务 一　设计文案表达

教学目标

（1）专业能力：通过对室内设计优秀设计文案的分析，让学生对设计文案的表达有一定的认识，并能够把设计思路用专业的文案语言表达，提升学生的设计文案撰写能力。

（2）社会能力：关注室内居住空间、办公空间、商业空间等国内外优秀案例的设计文案的表达方式，学会赏析优秀的设计文案，并从中吸取精华，完善毕业设计方案。

（3）方法能力：具备资料收集能力，设计案例分析、提炼及应用能力，在设计文案学习中培养发散思维，加强语言组织能力。

学习目标

（1）知识目标：了解设计方案的逻辑架构，掌握设计文案的具体表达内容。

（2）技能目标：通过学习室内设计优秀设计文案的表达内容，合理地将语言与图片结合在一起，将自己的设计思路整理成完整的逻辑架构，并组织成完整的文案。

（3）素质目标：能够大胆、清晰地表述自己的设计方案，具备团队协作能力和一定的语言组织能力，培养自己的综合职业能力。

教学建议

1. 教师活动

（1）教师在课堂上先讲述设计方案中文案表达涉及的基本内容，让学生对设计文案有基本的了解，为接下来培养学生文案表达能力奠定基础。

（2）在课堂上，老师通过分享室内设计优秀案例，引导学生掌握概念设计的表达过程，让学生对设计的过程有基本的了解，同时培养学生的思维方式。

（3）让学生在课堂中简述自己的设计思路及设计理念，激发学生的主观能动性，让学生在实践中感受构思的过程。

2. 学生活动

（1）学生在课堂中简述毕业设计的构思过程及设计理念，听取其他学生的意见并学习他人的构思及理念，提高学生的思辨能力。

（2）通过课堂的学习内容，学生查阅相关案例了解其设计理念，学习优秀案例的构思过程并将其运用在毕业设计中，提高学生的构思能力。

一、学习问题导入

今天我们一起来学习如何撰写设计文案。文案是毕业设计方案中非常重要的内容，优秀的文案可以让设计方案更加出彩。设计文案主要是将设计思路及过程以文字形式展示出来。首先我们要了解设计方案的内容及其组织方式。设计方案可以大致分为三部分：第一部分是项目概况，第二部分是设计方案分析，第三部分是设计成果展示。根据不同的项目，方案内容可以再细分或合并。

CONTENTS / 目录

图 2-1　酒店设计方案目录

二、学习任务讲解

1. 项目概况

（1）选题背景。

根据毕业设计项目，进行项目调研，将收集的资料进行整理。阐述的内容包括选题的背景、目的与意义、研究状况和研究的内容。背景分析如图 2-2 所示，具体写清楚选题研究的基本内容和拟解决的主要问题。研究的目的与意义，以及表达技巧可以从以下几方面着手：首先，说明问题是如何发现的，即该研究的背景是什么，根据什么、受什么启发而做这项设计，一般可以从国内外室内设计行业关注的问题出发来提出研究问题；其次，要说明该选题在理论上的创新性，主要通过分析国内外研究的现状，来指出自己的选题与各个主流观点的研究前提的差异性，从而突出自己的选题在理论上的创新性。

（2）区位分析。

区位分析是对设计项目所在的地域、文化、环境等因素的分析（图 2-3），是所有项目设计开始前的准备工作。最基本的区位分析大概有以下内容。一是城市区位，城市区位分析即分析项目所处的城市的位置，通过对城市地域的研究可以了解该地的人文环境、气候条件、城市规模以及发展状况等信息。可根据项目区域影响的大小或范围进行分析，对于旅游类、文化类选题帮助较大。二是基地分析，对基地周边情况的分析，一般常见的有使用现状的全景照片或者分析周边建筑的关系等。三是区位优势与限制，分析区域独特的资源、优势与短板。四是区位景观环境分析，分析周边景观与环境、地标环境、视线等，如图 2-4 所示。

背景分析
BACKGROUND ANALYSIS

启林区是华南农业大学的宿舍区之一，改名"启林"原意是体现积极进取、革故鼎新的精神，虽然启林区是华南农业大学最新建成、面积最大、学生最多的宿舍区，但是文风不足、文化休闲设施较少，无法体现启林一词的真正含义。我们在调研此园区时发现诸多问题（如园区识别度不高，日久失修等 ），我们以传承和解决问题为思路，从该景观区的功能性、实用性、观赏性出发对该区域进行改造。

图 2-2　背景分析

The project is xincheng holdings' plot 2016-wg-62 in suzhou.

该项目是新城控股在苏州的地塊，作爲酒店使用。

高鐵新城項目位於相城區高鐵新城南天成路南、澄陽路西，總占地面積達到35萬平方米，綜合容積率3.8。地處于政府重點打造的"相城旭日"——CBD核心區。高鐵新城在蘇州向北的窗口所在。高鐵新城將成爲城市發展的新引擎！

图 2-3　区位分析

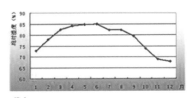

降水：

广州市年平均降水量为1800多毫米，降水主要集中在4~9月的汛期，占全年雨量的80%左右。

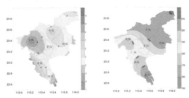

气温：

一月为广州最冷月，平均最低气温为10℃，极端最低气温为0℃，七月为全年最热月，平均最高气温32.8℃，极端气温最高达39.3℃。

图 2-4　区位景观环境分析

（3）现状分析。

现状分析是对设计项目现有的优势与限制进行分析，在分析中，通常会展示调研时拍的照片，通过描述照片内容，以分条陈列的方式呈现分析内容，条理清晰，如图2-5所示。现状分析还可以从文化、交通、人流、需求等方面进行。重点分析的内容应与选题密切相关，这样才能进一步解决问题，也决定了选题的大致方向。

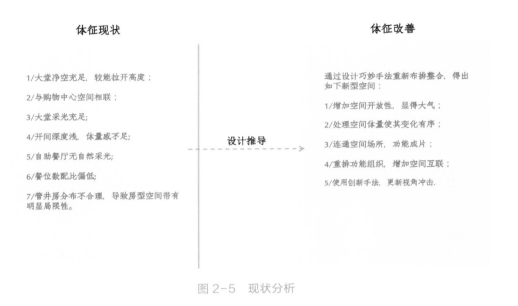

图 2-5 现状分析

2. 设计方案分析

设计方案分析是设计的精髓，可将设计思路及过程展示出来。总结来说，设计方案可以从以下几点阐述：设计理念、设计构思、人群分析、设计元素、设计说明、功能区分析、人流动线分析等。

（1）设计理念。

设计理念是设计师在空间作品构思过程中所确立的主导思想，它赋予作品文化内涵和风格特点。好的设计理念至关重要，它不仅是设计的精髓所在，而且能令作品具有个性化、专业化和与众不同的效果。设计理念的阐述可以从绿色环保、人性化、智能化等角度出发，阐述方案的主要思想和创新点，如图2-6和图2-7所示。

（2）设计构思。

设计构思是设计方案思想性的体现，在具体项目中，要有设计观念的想象力和主题。很多千篇一律的设计作品并非呈现效果不佳，而是设计师缺乏明确的设计意图，在表达设计构想时缺乏情节性和深度。如何利用技巧表达设计构思呢？乍现的灵感往往是宝贵的，把构想转换成图解的能力也尤为重要。草图也是文案的一部分，要能将脑中出现的画面快速用手绘的方式表现出来，如图2-8所示。同学们同时也要开阔眼界，多看国内外室内设计的优秀作品。

（3）人群分析。

在室内设计中，人群分析即分析设计的空间是给什么人群使用的。分析人群的心理行为特征并提出存在的现实问题，以此为基础对室内空间各功能分区设计进行分析，可以分条说明，也可采用图表的形式。

（4）设计元素。

设计元素就是在方案设计中反复出现，跟项目紧密结合、具有独特性的设计单元。装饰造型涉及美学和艺术基础，可以通过概念元素来进行设计。设计元素相当于设计中的基础符号，是为设计手段准备的基本单位。设计元素大致分为概念元素、视觉元素、关系元素和实用元素四类。

容 韵 · 设计理念

"中韵奢容",设计中不拘泥于单一的设计风格,力图
在奢华优雅中呈现出中式的文化气息,追求深沉里显露尊贵,
典雅中浸透奢华的设计表现。

设计风格:新中式风格

图 2-6　设计理念 1

图 2-7　设计理念 2

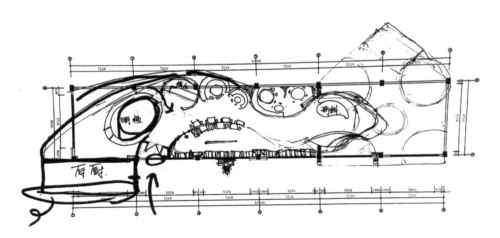

图 2-8　手绘设计草图

我们对一个物体的视觉感受主要是从形、色、质三个方面来感知的。相应地，提取概念元素也可以从这三个方面来着手，如图 2-9 所示，从大自然中将云和大树的具体形象提取出来，转变成平面的二维图案，再将元素运用在灯具、空间隔断中或用作空间的主色调。总的来说，元素的提取就是运用抽象构成的手法，从概念元素中分解符号再进行演绎，最终运用到设计中的过程。

设计元素的分类如下。① 大自然元素：云、闪电、海洋、江、湖、河、山、沙漠、树木、花草、人、动物等。② 艺术元素：照片、电影、舞蹈、电视、卡通、绘画、雕塑、图案、标志等。③ 抽象元素：圆、方、三角、点、线、面等。④ 工业元素：厂房、建筑、设备、机械、运输工具、交通工具等。⑤ 生活元素：生活用品、电器、玩具、文具、家具等。

（5）设计说明。

设计说明的范畴包括设计主题、设计手法、设计流程、设计结果、功能用途等。通常我们在对设计方案进行说明时，可用简洁的语言将以下内容进行概述：设计项目的总面积以及空间划分的功能区，设计主题、使用人群、设计风格、设计的重点方向和亮点。设计说明如图 2-10 所示。

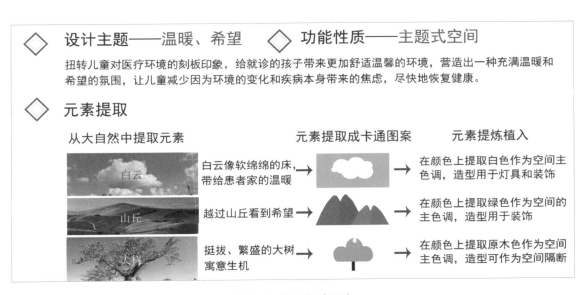

图 2-9　提取概念元素

平面图　1:100

图 2-10　设计说明

设计说明

本设计方案为某南方城市第五人民医院住院楼扩建楼层第八层，面积约为 1600 平方米。

患者多为幼儿与儿童，血液病多需通过化疗和手术方式进行治疗，儿童可能会因为心里对医院的惧怕而哭闹甚至拒绝治疗，这种情况不但使家长手足无措，也不利于疾病的治疗和身体的恢复，而病房是儿童患者在这一期间生活的主要环境，因此病房良好的环境和气氛的营造尤为关键。室内空间采用主题式设计，通过室内空间的设计与装饰，扭转儿童对医疗环境的刻板印象，给就诊的孩子带来更加舒适温馨的环境。

（6）功能区分析。

功能分区的概念是将空间按不同功能要求进行分类，并根据它们之间联系的密切程度加以组合、划分。功能分区的原则是分区明确、联系方便，并按主、次，内、外，闹、静关系合理安排。划分功能区时要以主要空间为核心，次要空间的安排要有利于主要功能的发挥；对外联系的空间要靠近交通枢纽，内部使用的空间要相对隐蔽；空间的联系与隔离在深入分析的基础上恰当处理。例如公共空间在功能区分析时，应介绍空间构成、人流组织与疏散以及空间的量度等，其中突出的重点是空间的使用性质和流线活动，如图 2-11 所示。

（7）人流动线分析。

人流动线是指人流活动的线路，如消费者在购物中心入口、中庭、楼层、商铺、消费者服务区之间的运动路径。动线分为水平动线和垂直动线。水平动线就是在一个水平面内，一次性走完每个空间。垂直动线，就是输入人流的电梯，即扶梯和垂直电梯，如图 2-12 所示。

根据不同的空间，人流动线分析要表达的内容也是不同的。例如在居住空间中，主要分析人流设置是否合理，洁污是否分流。在商业空间中，人流动线主要是归纳人流动线的评价指标，分析水平、垂直方向的动线组织方式。商业空间中有卖场路线、后勤补给路线和员工后场路线等，表达时应将不同的动线阐述清楚，同时对人流量大的位置（例如商场中庭）进行详细分析。

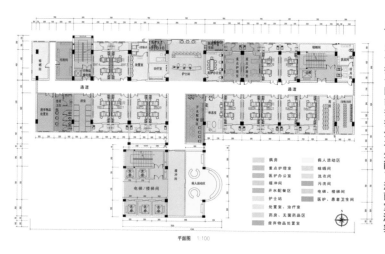

平面布局分析

本住院层为血液科病区住院层，该层平面为单廊布置，可满足病房通风采光的要求，使之符合南方气候的特点。根据《医院设计规范》的内容，本层功能分区主要分为：病房、重点护理室、护士站、处置室、治疗室、医护办公室、药房、卫生间。根据血液患者的特殊性，在入口处设置了缓冲区，降低外界病菌的影响。设置了开水配餐区、病人活动区，另设置了医护值班室、浴室、污洗间、洁净间、洗衣间、晾晒间、无菌物品存放区和废弃物品处置室。电梯分为客梯、医务梯、洁梯和污物运输梯，尽可能地实现洁污分流与避免交叉感染。

图 2-11　功能区分析

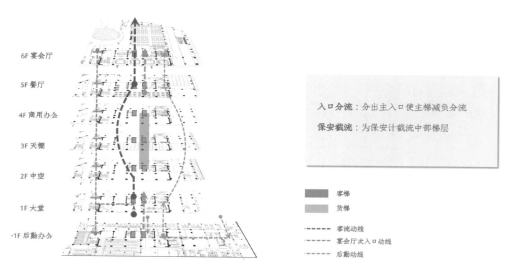

图 2-12　垂直动线分析

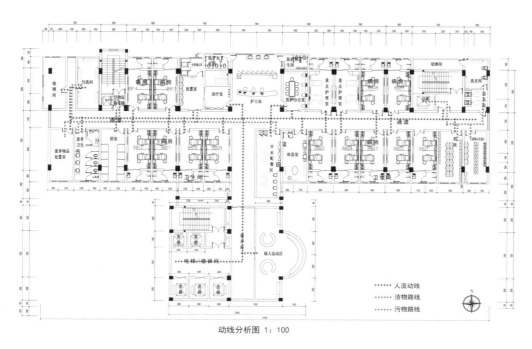

动线分析

　　明确、合理的流线组织（人流、洁污流），尽可能地实现洁污分流与避免交叉感染。

　　不同的垂直交通线对应不同的使用功能，包括住院梯、医护梯和污物梯，以满足大楼复杂的垂直交通需求，实现流线简洁、专线专用、易达性高、管理方便。

······ 人流动线
······ 洁物路线
······ 污物路线

动线分析图 1:100

图 2-13　动线分析

3. 设计成果展示

　　室内方案设计的成果包括平面布置图、各空间施工图、主要空间效果图。成果展示部分的文案主要是对效果图进行简要说明，介绍空间的功能特点，从实用性、美观性、环保性、节约性等方面对每个空间进行介绍，也可以细分为色彩、材质等进行阐述。效果图如图 2-14 和图 2-15 所示。

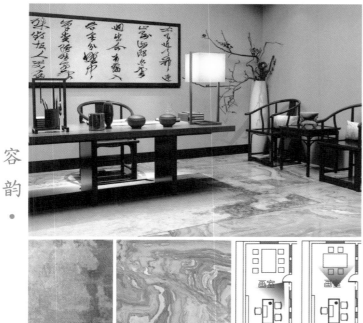

容韵 ·

NEW CHINESE STYLE

工作区效果图

书房是主人回家工作的区域，偶尔会招待一些朋友在这里喝喝茶，聊聊天。因此整个空间看起来会比较稳重一些，家具材质主要是木材和大理石。但考虑到空间会比较简单，枯燥，在书桌处用了一张比较活跃的地毯并增加花纹较丰富的大理石地砖。

图 2-14　效果图 1

图 2-15 效果图 2

三、学习任务小结

通过本次任务的学习，同学们已经了解了将设计思路及过程在设计方案中用文案进行表达的方式、方法，初步掌握了设计文案的表达内容，对设计的过程也有了基本的了解。课后，大家要学会赏析优秀设计案例的设计文案，从中吸取精华，并能在此基础上完善毕业设计方案的思路和逻辑架构。

四、课后作业

（1）每位同学收集 5 份自己感兴趣的室内设计方案，并对文案进行解读。

（2）将所学的设计方案表达方式应用在毕业设计中。

学习任务 二

施工图规范表达

教学目标

（1）专业能力：能够掌握图纸的有关标准规定，并具备室内施工图规范的识读能力；能在正确的制图理论和绘图方法的指导下，通过现场测量图和相关数据绘制整套规范施工图。

（2）社会能力：养成细致、认真、严谨的绘图习惯。

（3）方法能力：信息和资料收集能力，绘制整套施工图纸的能力，分析整套规范施工图能力。

学习目标

（1）知识目标：掌握室内设计施工图的绘制规范及技巧。

（2）技能目标：能按规定正确绘制整套规范的施工图；能正确、及时处理方案设计及施工时出现的各种意外情况。

（3）素质目标：能在绘制过程中严谨细致、一丝不苟、举一反三，具有沟通能力及团队协作精神；具有分析问题、解决问题的能力。

教学建议

1. 教师活动

（1）要热爱学生、知识丰富、技能精湛、难易适当、加强实用性。

（2）做教案课件、图形成果、分解步骤、实例示范、加强针对性。

（3）要讲解清晰、重点突出、难点突破、因材施教、加强层次性。

（4）掌握绘制整套施工图的要求，教授知识与传授技能为专业服务。

2. 学生活动

（1）课前活动：看书、看课件、看视频、记录问题，重视预习。

（2）课堂活动：听讲、看课件、看视频、解决问题，反复实践。

（3）课后活动：总结、做笔记、写步骤、举一反三、螺旋上升。

（4）专业活动：主动学习、理论与实际操作结合，绘制多套施工图的综合实训。

一、学习问题导入

本次学习任务讲解如何绘制整套规范的施工图。施工图包括图纸封面、目录、设计说明、材料表、平面图（原始平面图、隔墙尺寸图、平面布置图、地面布置图、天花布置图、天花造型尺寸图、天花灯具尺寸图、电气平面图、水施平面图、立面索引图等）、立面图（客厅、餐厅、卧室、厨房等）、剖面及节点大样详图（天花、墙身、地面等）。

接下来，我们学习如何快速绘制整套规范施工图。

二、学习任务讲解

室内设计是一门综合性的艺术设计门类，这个专业有自身的工作程序和业务流程，施工图的绘制便是其中十分重要的环节。从室内设计的方案构思到图纸绘制再到工程的实际实施的过程中，施工图作为一种专业的标准化语言是贯穿始终的，它既是尺度比例、形式材料的推敲过程，又是装饰企业或专业设计公司的设计管理基础，基础的、标准化的技术手段往往是最为重要的。施工图的绘制是表达设计者设计意图的重要手段之一，是设计者与各相关专业之间交流的标准化语言，是施工人员正确理解并实施设计理念的一个重要环节，也是衡量设计团队设计管理水平的一个重要标准。

1. 封面

封面是指图纸外面的一层，有时特指印有图名、时间、公司名称等的第一面，如图 2-16 所示。图纸的封面是装饰的门面，起着美化图纸和保护内部图纸的作用。因而在封面设计中，一根线、一行字、一个抽象符号都具有一定的设计思想。封面既要有内容，同时又要具有美感。

图 2-16　封面模板

2. 图框

图框是指工程制图中图纸上限定绘图区域的线框。图纸上必须用粗实线画出图框，图框格式有留装订边和不留装订边两种，但同一工程的图样只能采用一种格式。建筑制图一般采用留装订边的格式。加长幅面的图框尺寸，按所选的基本幅面大一号的图框尺寸确定。留装订边图框尺寸如图 2-17 所示。图框模板如图 2-18 所示。

幅面代号	A0	A1	A2	A3	A4
B×L	841×1189	594×841	420×594	297×420	210×297
e	20	20	10	10	10
c	10	10	10	5	5
a	25	25	25	25	25

图 2-17　留装订边图框尺寸（单位：mm）

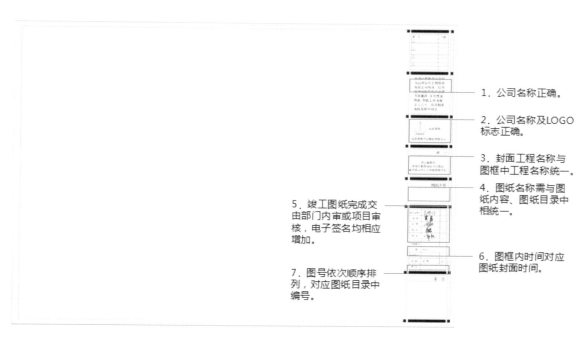

图 2-18　图框模板

3.图纸目录

　　图纸目录指按照一定的图纸顺序编排，记录所有的图纸内容，以方便读者查看的汇总表。图纸目录模板如图 2-19 所示。

4.设计说明

　　施工图的设计说明是针对本项目的设计参数和具体要求做出的描述，而相关规范是对设计的总体要求，是必须遵守的设计准则。施工过程是按照设计说明来实施的，设计说明首先不得违反设计规范，原则上造价只看施工图就可以。设计说明模板如图 2-20 所示。

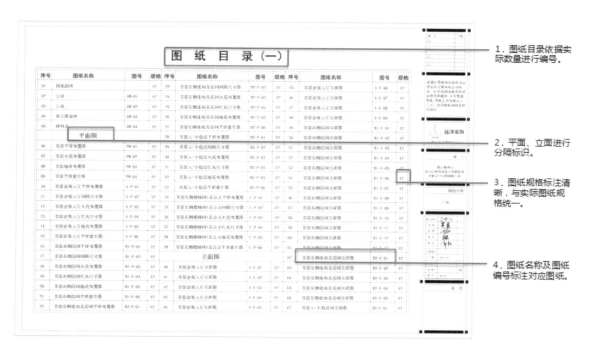

图 2-19　图纸目录模板

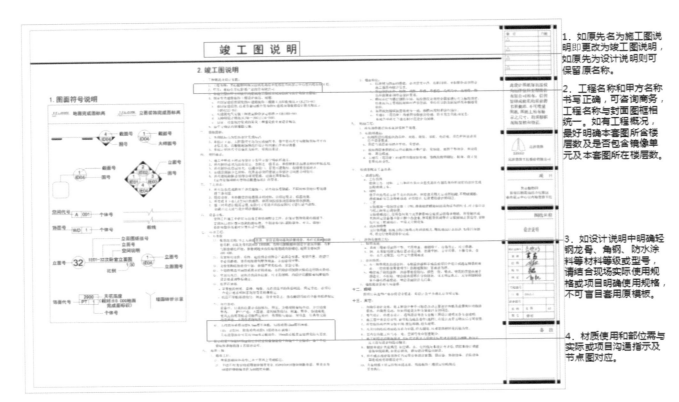

图 2-20　设计说明模板

5. 材料表

　　图纸的材料表是指此项目所用的材料种类、名称、型号归总到一起，施工单位可以直接对照材料的种类、型号进行现场施工，方便使用者查看所用材料的汇总表。材料表模板如图 2-21 所示。

图 2-21　材料表模板

6. 原始平面布置图

平面图就是假想用一水平剖切平面沿门窗洞的位置将房屋剖开成剖切面，从上向下投射在水平投影面上所得到的图样。剖切面从下向上投射在水平投影面上所得到的图样即为顶棚平面图。为了方便起见，通常将顶棚平面图在水平方向的投影与平面图的方向与外轮廓保持一致。原始平面图是平面图的首张图纸，即甲方提供的或到现场测量而绘制出来的，其余的图纸都是在此基础上绘制完成的。原始平面图模板如图 2-22 所示。

平面图绘制过程中应注意的问题如下。

（1）比例：平面图常用比例为 1：50、1：100、1：200 等，比例在布局空间内设定。

（2）图例符号：图例及符号，根据已有的图纸绘制标准进行设置。

（3）定位轴线：轴线及其编号的相关内容要一致。

（4）图线：平面图上表示的内容较多，因此对图线的线宽、线型设置、颜色搭配应予注意。

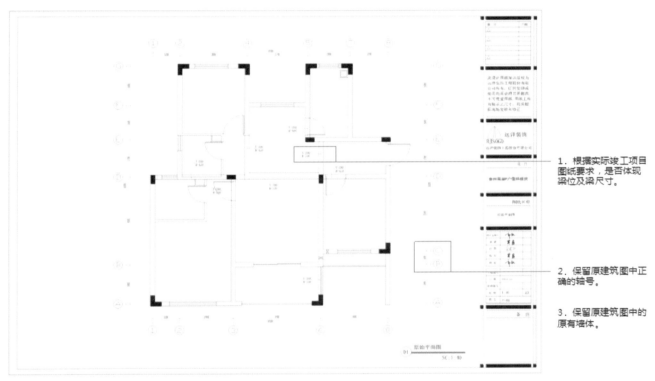

1. 根据实际竣工项目图纸要求，是否体现梁位及梁尺寸。

2. 保留原建筑图中正确的轴号。

3. 保留原建筑图中的原有墙体。

注：如果为室内模拟样板间，墙体均为轻钢龙骨新做隔墙情况除外。

图 2-22　原始平面图模板

7. 隔墙平面尺寸图

在原本的空旷位置做隔墙，隔出一个小房间来，这个隔墙的墙体就叫间墙。间墙尺寸图用来确定墙体位置，以方便工人施工砌墙使用。隔墙平面尺寸图模板如图 2-23 所示。

8. 家具平面布置图

家具平面布置图是家庭装修图纸的关键，是反映家具安装位置的图纸，所有大件的家用设施，如沙发、家用电器、浴缸等，都需要在该图上体现。家具平面布置图模板如图 2-24 所示。

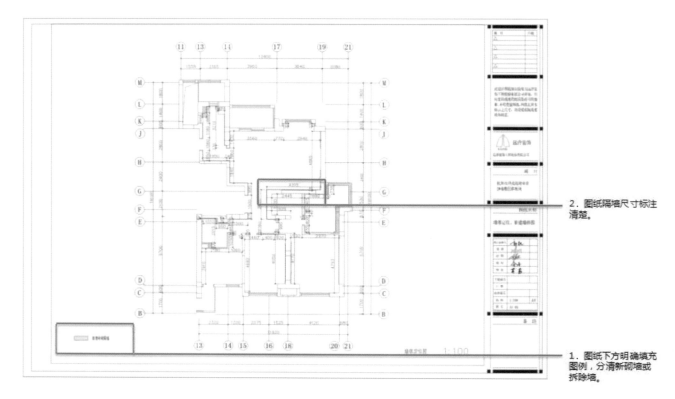

2．图纸隔墙尺寸标注
清楚。

1．图纸下方明确填充
图例，分清新砌墙或
拆除墙。

图 2-23　隔墙平面尺寸图模板

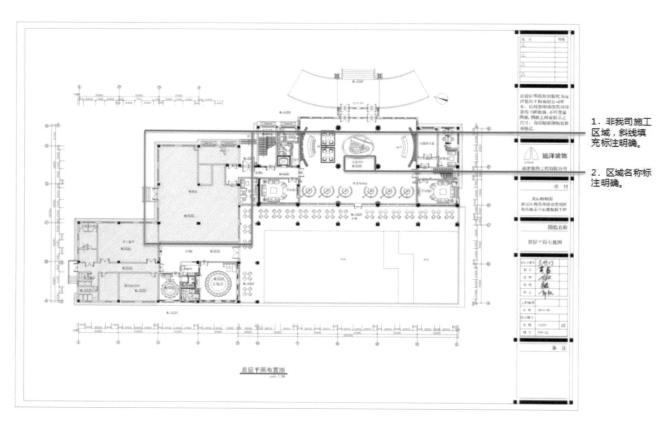

1．非我司施工
区域，斜线填
充标注明确。

2．区域名称标
注明确。

图 2-24　家具平面布置图模板

9. 地面布置图

地面布置图用于确定地面不同装饰材料的铺装形式、界限、异形铺装的定位及编号，还可以表示地面材质的高差。地面布置图模板如图 2-25 所示。

10. 天花布置图

天花布置图用于表示天花造型高低不平、天花高度、材质及灯具定位等。天花布置图模板如图 2-26 所示。

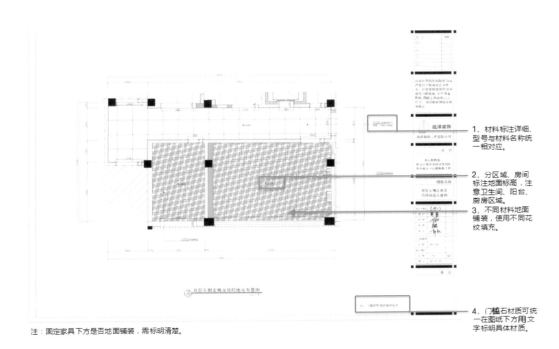

注：固定家具下方是否地面铺装，需标明清楚。

图 2-25　地面布置图模板

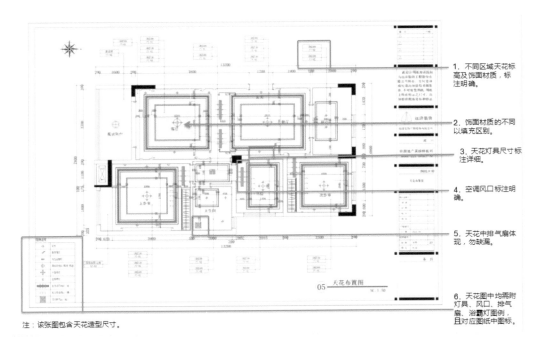

注：该张图包含天花造型尺寸。

图 2-26　天花布置图模板

11. 开关插座布置图

开关插座布置图用于表示天花造型灯具连线定位及开关定位等，插座布置图在家具平面布置图显示定位。开关插座布置图模板见图 2-27 所示。

12. 立面索引图

立面索引图的作用是方便施工人员看懂立面图，即立面图中的客厅 A 立面、客厅立面等中的 A/B/C/D 是根据索引图中所标的对应。立面索引图模板如图 2-28 所示。

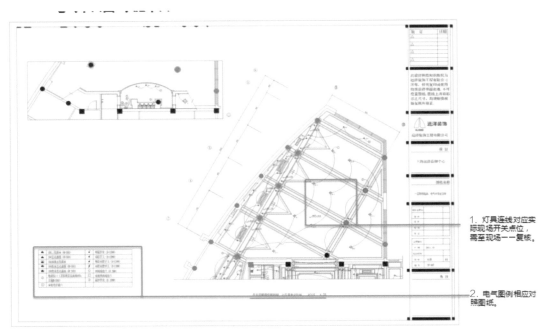

注：电气点位以及水施图与该张图同理，点位图例放置平面图中，标明尺寸，均需复核现场，不得有缺漏。

图 2-27　开关插座布置图模板

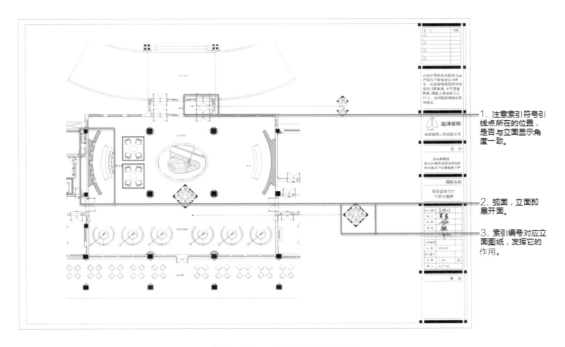

图 2-28　立面索引图模板

13. 立面图

将室内空间立面向与之平行的投影面上投影，所得到的正投影图即立面图。该图主要表达室内空间的内部形状、空间的高度、门窗的形状与高度、墙面的装修做法及所用材料等。客厅立面图模板如图 2-29 所示。

立面图在绘制过程中应注意的问题如下。

（1）比例：立面图可根据其空间尺度及所表达内容的深度来确定其比例。常用比例为 1：25、1：30、1：40、1：50、1：100 等。

（2）图例符号：应按规范标准绘制机电开关，并可据具体情况增减。

（3）定位轴线：立面图中的轴线号与平面图相对应。

（4）图线：立面外轮廓线为装修完成面，即饰面装修材料的外轮廓线，用粗实线；门窗洞、立面墙体的转折等可用中实线；装饰线脚、细部分割线、引出线、填充等内容可用细线；立面活动家具及活动艺术品陈设应以虚线表示。

（5）尺寸标注：立面图应在布局空间中注明纵向总高及各造型完成面的高度、水平尺寸与定位。

（6）文字标注：立面图绘制完成后，应在布局空间内注明图名、比例及材料名称等相关内容。

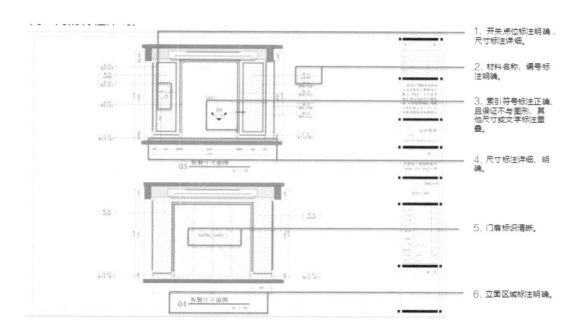

图 2-29　客厅立面图模板

14. 剖面图及节点大样详图

相对于平、立、剖面图的绘制，节点大样详图则具有比例大、图示清楚、尺寸标注详尽、文字说明全面的特点。节点大样详图涵盖天花节点、墙身节点、地面节点、固定家具节点等。客厅天花节点大样详图模板如图 2-30 和图 2-31 所示。

剖面图及节点大样详图在绘制过程中应注意的问题如下。

（1）比例：节点大样详图所用的比例视图形的繁简程度而定，一般采用 1：1、1：2、1：5、1：10、1：20、1：25、1：30、1：50 等。

（2）材质图例与图号：材质图例以示例标识材质。详图索引符号下方的图号应为索引出处的图纸图号。例如从某张立面图索引的节点大样详图，其详图下方图号应为此张立面图的图号，这样从立面到详图或从详图索引自的立面相互查找都比较方便。

（3）图线：节点大样详图的装修完成面的轮廓线应为粗实线，材料或内部形体的外轮廓线为中实线，材质填充为细实线。

（4）尺寸标注与文字标注：节点大样详图的文字与尺寸标注应尽量详尽。

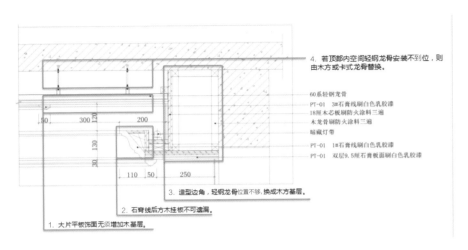

图 2-30　客厅天花节点大样详图模板 1

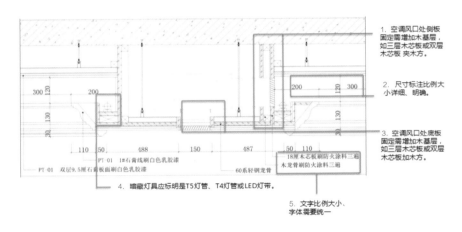

图 2-31　客厅天花节点大样详图模板 2

三、学习任务小结

通过本次任务的讲解，同学们学习了绘制整套施工图的技巧及排版技巧，在室内设计中，绘制整套施工图的方法尤为重要，大家可以多收集和学习优秀的整套施工图案例，将所学的绘制更好的、更规范的施工图知识应用到毕业设计中。同学们在课后要多练习使用软件制图，才可以熟能生巧，提升绘制整套施工图的速度。

四、课后作业

根据教师的讲授与示范，绘制多套家装或工装的整套施工图，幅面大小 A3 纸。

室内设计效果图表现

教学目标

（1）专业能力：具备完成室内设计效果图制作的能力。

（2）社会能力：能根据室内设计效果图制作的要求，选定效果表现方式，确定绘制方法。

（3）方法能力：在生活和学习中观察不同类型的室内设计效果图制作方式，提升效果图绘制速度和质量，以及设计案例分析应用能力和创造性思维能力。

学习目标

（1）知识目标：掌握室内设计效果图制作的不同方式和方法。

（2）技能目标：掌握室内设计各种材质和家居陈设的知识，能进行室内设计效果图表现与制作。

（3）素质目标：通过多媒体教学、教师示范、课内实践等环节，培养学生动手能力以及迎难而上、坚持不懈的毅力；通过课内实训、课下练习，培养学生的组织纪律性和刻苦、敬业精神；能够根据室内设计的流行趋势和设计手法，培养学生的效果图制作能力。

教学建议

1. 教师活动

（1）教师通过前期收集的各类型室内设计效果图的展示，提高学生对不同类型效果图的直观认识。运用多媒体课件、视频等多种教学手段讲授和展示图片进行分析与讲解，启发和引导学生发掘不同效果图表现的优缺点，同时，让学生能够对资料进行归纳和整理。

（2）遵循教师引导、以学生为主体的原则，将多种教学方法，如分组讨论法、现场讲演法、横向类比法等进行有机结合，激发学生学习效果图的积极性，变被动学习为主动学习。

2. 学生活动

（1）学生在课堂上通过老师的讲解，自行分组对优秀的室内设计效果图表现进行展示和讲解，训练语言表达能力和提高总结思维能力。

（2）结合课堂学习，通过查阅互联网和相关书籍，拓展室内设计效果图制作知识，课后研讨成功的设计案例，提高对效果图的制作理解能力。

一、学习问题导入

今天我们一起来学习室内设计效果图表现的知识。首先我们观察图 2-32 和图 2-33。我们发现，两张效果图表现方式不同：手绘效果图的表现方式表达快速，不受场地和设备约束；电脑效果图的表现方式效果更直观、更接近实际，但对设备有所要求，出图时间较长。两种不同的表现方式各有特点，你们更喜欢使用哪种表达方式呢？

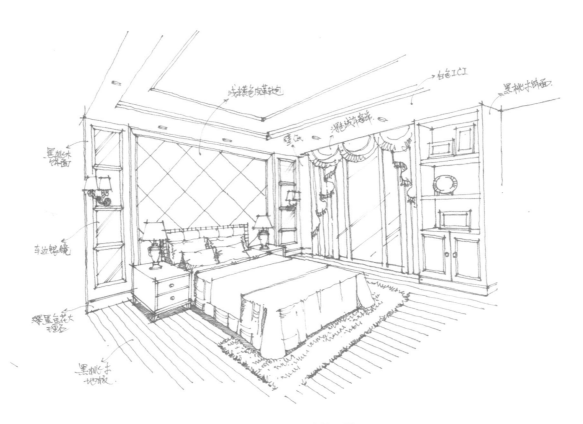

图 2-32　手绘效果图

OUT OF ORDINARY
- Performance -

图 2-33　电脑效果图

二、学习任务讲解

1. 手绘效果图

（1）概念与特点。

室内设计是设计师将自己的设计思维由抽象向具象演变、推进，由模糊向清晰转化的过程，并在这个过程中不断完善设计方案，最终达到满足设计要求的目的。手绘效果图则是对这一过程的陈述。手绘效果图（图2-34）表现是指设计人员运用纸、笔等工具和媒介，徒手将三维空间思维在二维平面迅速表达的过程，也是设计人员对设计方案进行构思、推敲、完善等思考过程的记录。

图2-34　手绘效果图示例

① 手绘效果图在概念表现阶段能快速地将设计师丰富的想法在实际空间中的可行性，通过手绘图表现出来，可以帮助设计师验证想法，直至产生合理的设计。

② 在扩初表现阶段，手绘效果图也是设计师在设计深化过程中反复推敲设计细节的有效手段，手绘效果图的快速表现能让设计师反复尝试不同设计细节，丰富设计，使设计方案更加完善。

③ 在表现阶段能让业主快速地体会到设计最后空间氛围的视觉效果，手绘效果图的结构表现也能让业主快速了解设计细节、空间的穿插，使设计师与业主的沟通更加顺畅。

④ 在设计实施阶段尤为重要，在施工工期较紧张，施工人员阅读施工图纸能力不强的情况下，快速、清晰的手绘效果图能保证设计的准确落实及工程的顺利进行。

手绘效果图表现是每一位设计师需要掌握的专业表现手法，手绘表现及时、生动、灵活的表达方式和及时的交流是计算机辅助设计不能替代的。

（2）规律性的表现原则。

① 视点与构图。

视点在透视学中也叫灭点，是空间中所有物体的透视消失点。透视点的正确选择，对一幅透视图尤为重要。

我们要体现设计中最精华的部分、最主要的空间、最丰富的层次等都需要一个合适的视点。另外，好的构图也是透视效果图一个重要的环节。不同表现重点的效果图如图 2-35 和图 2-36 所示。

视点和角度需注意以下几点。

a. 表现整体空间时，把最需要表现的部分放在画面中心。

b. 对较小的空间要有意识地采用夸张手法，使实际空间相对夸大，并且要把其周围的场景尽量绘制得全面一些。

c. 尽可能选择层次较丰富的角度。

d. 如果没有特殊需要，尽量把视点放低一点，一般控制在 1.7m 以下。

图 2-35　以表现空间地面为重点

图 2-36　以表现空间墙面为重点

（3）构图的基本规律和形式。

① 单元格的多样性。

② 线条收放自如。

③ 画面内容和构图不宜过饱。

④ 角度组织要合理，适当突出主体物。

⑤ 处理好空间物体的前后遮挡关系等。

体现手绘效果图构图的基本规律和形式的图如图 2-37 所示。

图 2-37　手绘效果图构图的基本规律和形式

（4）对比和统一。

① 对比。

运用在对比中求和谐，在调和中求对比的原则，合理应用对比和统一，使画面产生均衡的对比美。

a. 形状的对比：包含对称形与非对称形的对比，简单形与复杂形的对比和各类几何形的对比。

b. 线条的对比及节奏感：线条的疏密关系很重要。一幅好的手绘效果图其勾线往往是松得洒脱，密得适当，形成生动的节奏。

c. 虚实对比：图面虚实要得当，突出重点，对主体物的刻画要细致，对非主体物要大胆地省略。这样才能有效表达画面的中心思想，给人极强的视觉张力。

d. 明与暗的对比：不仅是物体受光后自身的明暗对比，更重要的是区域性对比，"黑衬白"或"白托黑"的形式就是区域性对比，有利于画面重点突出和拉大空间层次，使画面有一种强对比的效果。

② 统一中的渐变。

在室内设计手绘图中，渐变运用得当，会形成一种和谐美，使空间显示出渐增和渐减的进深韵律，从而产生特殊的视觉效果。

a. 从大到小或从小到大的渐变，指基本形由大到小或由小到大的渐变和空间的逐渐递增变化，使画面有强烈的深远感和节奏感，起到一种良好的导向作用。

b. 明与暗的渐变：画面的强弱对比由强向弱逐渐转变，是一种虚实关系的转变，能强调表现内容的主次、虚实等效果。手绘效果图构图的对比和统一如图 2-38 所示。

图 2-38　手绘效果图构图的对比和统一

2. 电脑效果图

（1）概念与特点。

室内设计中电脑效果图以表现室内氛围为主，突出室内环境的协调，重点在于模拟真实情景，如图 2-39 所示。室内效果图包括卧室效果图、客厅效果图、大堂效果图等。室内效果图制作要注意室内空间的布置，以及家具、灯具等的搭配，重要的是营造合适的家居氛围。熟练使用软件准确、快速、真实表现设计意图和设计效果，完成室内效果图的制作，有助于设计师与客户沟通。目前市场上流行的室内设计三维软件主要有 AutoCAD、3ds Max、SketchUp、Lumion、酷家乐等。

图 2-39　电脑效果图示例

（2）制作方法与步骤。

① 模型阶段。

在室内设计效果图制作中，经常先导入 CAD 平面图，再根据导入的平面图的准确尺寸在软件中建立造型。使用相应的软件对空间和造型进行建模，要熟悉运用软件命令，才能很快编辑各类图案、造型，如图 2-40 所示。建模阶段应当遵循以下几点原则：外形轮廓准确、分清细节层次、建模方法灵活和兼顾贴图坐标。

② 为场景赋予材质。

当造型完成后，就要为其赋予相应的材质。材质是某种材料本身所固有的颜色、纹理、反光度、粗糙度和透明度等属性的统称。想要制作出逼真的材质效果，设计师不仅要仔细观察现实生活中真实材料的表现效果，而且还要了解不同材质的物理属性，这样才能调配出真实的材质纹理，如图 2-41 所示。在调制材质阶段应当遵循以下几点原则：纹理正确、明暗方式适当、活用各种属性和降低复杂程度。

③ 为场景设置灯光。

光源和创造空间艺术效果有着密切的联系，光线的强弱、光的颜色以及光的投射方式都可以明显地影响空间感染力，如图 2-42 所示。在室内设计效果图制作中，效果图的真实感很大程度上取决于细节的刻画，而灯光在效果图细部刻画中起着至关重要的作用：不仅造型的材质感需要通过照明来体现，而且物体的形状及层次也要靠灯光与阴影来表现。

图 2-40　模型阶段

图 2-41　为场景赋予材质

图 2-42　为场景设置灯光

在为场景设置灯光阶段应当遵循以下几点原则：

a. 光源效果不仅和光源的强弱有关，而且与光源位置有关；

b. 场景物体的形状、颜色不仅取决于材质，也同样取决于灯光；

c. 照明的设计要和整个空间的性质相协调，要符合空间设计的总体艺术要求。

④ 渲染输出与后期合成阶段。

无论是在制作过程中还是在制作完成后，都要对制作的结果进行渲染，以便观看其效果并进行修改。如图 2-43 所示为渲染输出与后期合成效果图。在最终渲染成图之前，还要确定图像大小，输出文件应当选择合适的大小和格式，便于进行后期处理。室内效果图渲染输出后，同样需要使用 Photoshop 等图像处理软件进行后期处理，一般情况下，室内效果图的后期处理比较简单，只需在场景中添加一些必要的配景，如盆景花木、人物和挂画等。在此阶段应当遵循以下两个原则：根据需要调整色调、明暗、饱和度等，尽量模拟真实的环境和气氛；根据需要对场景添加配景和人物等，添加的配景应注意以突出场景主体为主，不可喧宾夺主。

图 2-43　渲染输出与后期合成效果图

三、学习任务小结

通过本次任务的学习，同学们已经初步了解了室内效果图表现的知识，对室内设计效果图制作方式、特点和制作过程有一定的认识。同学们课后还要查阅资料，阅读相关的书籍，并结合生活中的实际案例对室内效果图制作做总结，全面提升自己的综合审美能力。

四、课后作业

（1）收集 20 张室内效果图优秀作品。

（2）制作一张新中式风格室内客厅效果图。

图册以及展板的排版形式

教学目标

（1）专业能力：了解室内设计毕业图册以及展板排版的设计原则，掌握图册以及展板的排版方法，并能结合毕业设计灵活运用。

（2）社会能力：能根据室内设计方案的要求选定与之相匹配的排版形式。

（3）方法能力：在学习、工作中收集不同类型的版式设计风格案例，养成整理、收集资料的习惯，培养自主学习能力，能将优秀版式设计运用到室内设计方案中。

学习目标

（1）知识目标：掌握版式设计的原则和主要风格的特征。

（2）技能目标：能进行毕业设计图册的排版设计。

（3）素质目标：了解版式设计的风格流行趋势和设计手法，并与流行的室内设计风格进行有效匹配，提高综合审美能力。

教学建议

1. 教师活动

（1）在课堂上教师通过讲授、图片展示结合分析与讲解，通过对室内设计毕业图册以及展板的排版图片的分析与讲解，引导学生发掘各类型版式设计的典型特征。

（2）遵循以教师为主导、以学生为主体的原则，将多种教学方法，如分组讨论法、现场讲演法、横向类比法等进行有机结合，激发学生学习排版的积极性，变被动学习为主动学习。

2. 学生活动

（1）分组对优秀的室内设计毕业图册以及展板的排版案例进行展示和讲解，训练语言表达能力，提高总结思维能力。

（2）结合课堂学习拓展版式设计风格理论知识，课后大量学习成功的设计案例，提高对设计的审美能力，为今后的设计工作打下坚实基础。

一、学习问题导入

今天我们一起来学习图册以及展板的排版形式。如图 2-44 和图 2-45 所示为图册设计。图册及展板的版式设计会直接影响室内设计作品的质量，可以通过版式设计来提高室内设计作品的表现力。

图 2-44　图册设计 1

图 2-45　图册设计 2

二、学习任务讲解

室内设计师将室内设计作品合理地编排成册来表达设计意图，是打动客户并获得认可的重要途径。室内设计师在做空间设计过程中，不但要关注空间内容的表达，同时也要注意图册和展板的构图，字体的选择，色彩的搭配，比例的控制等设计因素。

1. 版式设计的含义

版式设计，就是在版面上将有限的视觉元素进行有机的排列组合，将理性思维个性化地表现出来，形成一种具有个人风格和艺术特色的视觉传达方式。版式在传达信息的同时，也给人视觉上的美感。室内设计专业毕业设计图册及展板的排版，遵循版式设计的方法和原则。图册设计版式如图 2-46 和图 2-47 所示。

夜 **工业**

黄冠宇 毕业设计　　　黄冠宇 毕业设计　　　黄冠宇 毕业设计

图 2-46　图册内页版式设计

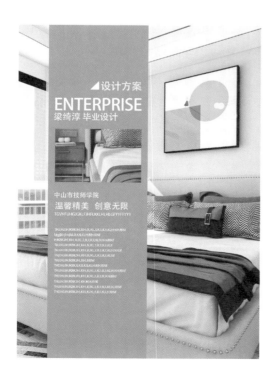

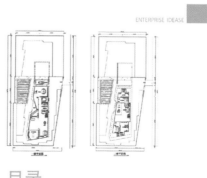

目录

图 2-47　图册版式设计

2. 版式设计的原则

（1）主题鲜明突出。

在设计之前整理好设计作品，以更好地突出主题。版式设计有助于主体形象的建立。

（2）形式与内容统一。

根据室内设计内容确定图册及展板的设计风格。

（3）强化整体布局。

版面的整体性由很多元素构成，通过结构、色彩、文字与图形等因素的合理编排，从而使版面达到整体而突出的效果。

3. 版式设计的内容

图册包含的设计内容如下。

① 外部：封面、封底、勒口等。

② 内部：扉页、前言、目录、正文、插图、页眉等。

展板的设计内容如下。

① 方案：效果图、施工图、设计说明等。

② 文字信息：包含作者、指导教师、作品名称等。

4. 版面的主要分割式类型

排版内容较多时只需将图纸的结构进行分割，并使总体结构和局部结构遵从一定的秩序，即可在视觉上达到条理清晰的效果。总体结构的分割不宜太多，以免产生琐碎感，在总体结构确定之后，局部结构可在不打破总体结构的情况下进行变化。其中，有两种分割方式被大多数方案采用，即"T"字形版式设计（图 2-48 ～图 2-50）以及"C"字形版式设计（图 2-51 ～图 2-53）。

（1）"T"字形版式设计。

如果图纸中要摆放大面积且形状规律的效果图和总平面图时，"T"字形的图纸分割形式是一种很好的排版方式。"T"字形各部分大小的分割，可根据摆放图片的大小和内容进行适当调整，如图 2-54 所示。

（2）"C"字形版式设计。

把整个版面分割为左右两个部分，分别在左侧或右侧配置文案。当左、右两部分形成强弱对比时，则造成视觉心理的不平衡。这仅仅是视觉习惯上的问题，但不如上下分割的视觉流畅自然。不过，倘若将分割线虚化处理，或用文字进行左右重复或穿插，左右图文则变得自然和谐。如图 2-55 所示，巧妙利用镜像"C"字形的结构划分方式，分割出了空间分析图示和设计的演变过程，并均与中部的效果图有一定的联系，使得整张图纸的结构既清晰又连贯。

5. 色彩的使用

色彩在排版中非常重要，好的色彩设计可以提升整张图纸的表现效果。色彩在室内设计中的使用可分为两大类，即冷色和暖色。如果效果图更倾向于材质、绿植的表达，冷色不失为很好的选择，如图 2-56 和图 2-57 所示；暖色则更倾向于氛围的营造，如图 2-58 所示。

璞居

作品：《璞居》
学校：中山市技师学院
占地：380㎡
作者：梁绮淳
指导老师：吴汉华

设计说明：
本次设计是一占地380㎡的别墅设计，风格以现代简约风格为主，它的目的是创造高品质的生活空间，喜欢在沉静的色调里将现代都市的时尚和轻奢结合演绎，讲究线条的流线感，崇尚简约而不失时尚的设计理念。

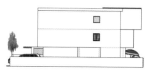

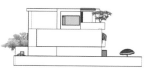

图 2-48　"T"字形版式设计 1

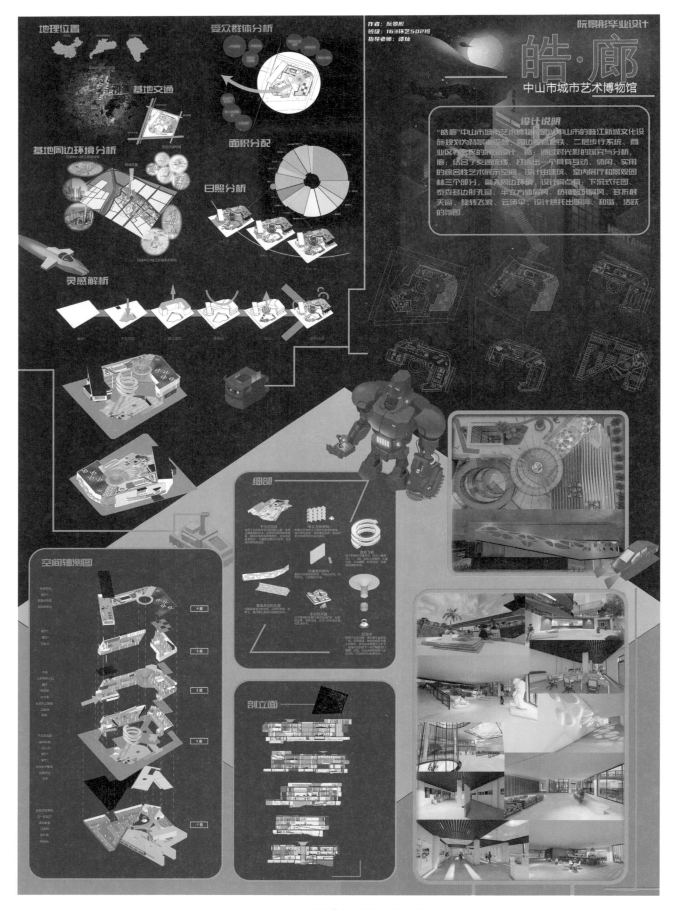

图 2-49　"T"字形版式设计 2

松风山月

立面图

平面图

庭院拆分图

植物分析

设计说明："松风吹解带，山月照弹琴。"
本次屋顶花园设计风格为中式风格，中国
传统景观设计追求自然、意境、含蓄，结
合了江南建筑与传统苏州园林的基础上，
因地制宜进行取舍融合，给整个屋顶花园
带来一种曲折转和，悠闲怡然的效果。

图 2-50 "T"字形版式设计 3

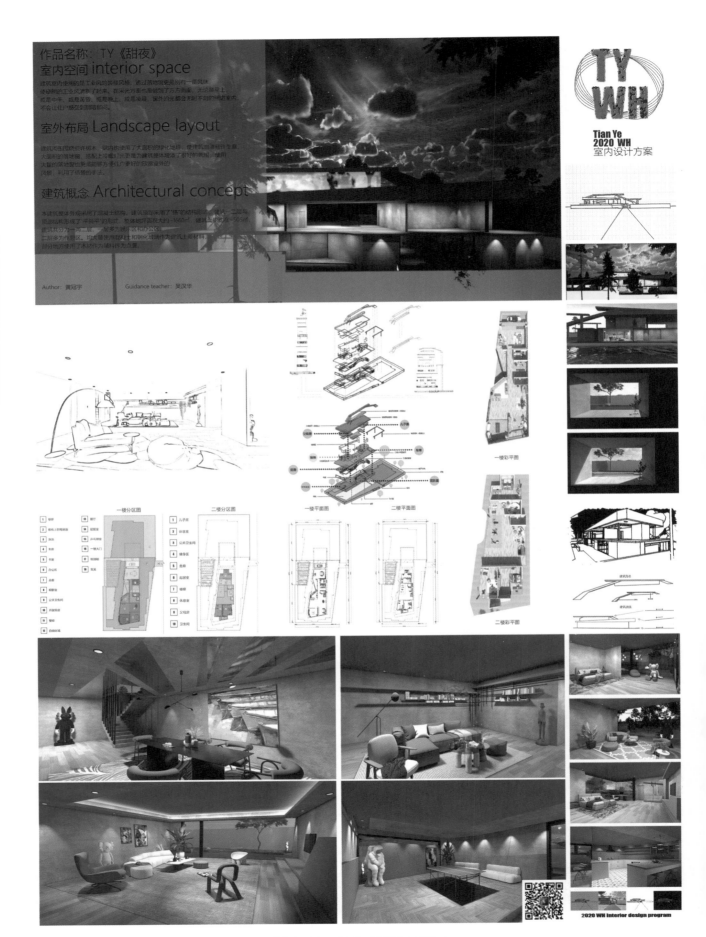

图 2-51 "C"字形版式设计 1

图2-52 "C"字形版式设计2

图 2-53　"C"字形版式设计 3

毕业设计作品 >>
GRADUATION DESIGN WORKS

室内设计方案 >>
INDOOR DESIGN SCHEME

自然·物语空间

设计理念关键词

格局与细节 的融合

严谨与细腻 的搭配

新锐与生态 的互朴

设计说明

本案例是关于家的室内绿化空间。设计依照自然式的思维，取意于"生活始于种植"的质朴之道，通过空间的情境营造，挖掘出内心的那片精神自然之地。室内以清爽的白色和天然木质材料结合，营造了高端而又简单温馨的氛围。

结语

分析不同空间的垂直绿化，使垂直绿化达到更好的艺术效果，在室内设计中提供更加舒适的人居环境。

平面图

设计平面图构思思路

■ 第一步：功能强大
■ 第二步：尺寸确定
■ 第三步：空间划分
■ 第四步：检查

学院：中山市技师学院   设计者：萧美焕   指导老师：吴汉华

图 2-54   "T"字形版式设计

—岁月间—
现代风格设计方案

学生：杨禾昕
指导老师：吴汉华
组别：室内设计组

毕业设计展示 GRADUATION PROJECT SHOW

空间施工图 CONSTRUCTION DRAWING

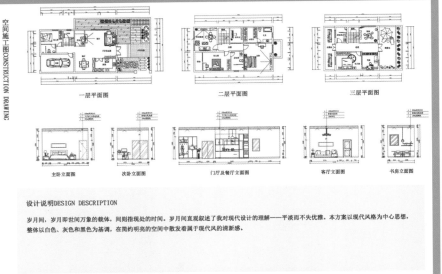

一层平面图　　　　　　二层平面图　　　　　　三层平面图

主卧立面图　　次卧立面图　　门厅及餐厅立面图　　客厅立面图　　书房立面图

室内各房间效果图
Interior renderings of the room

设计说明 DESIGN DESCRIPTION

岁月间，岁月即世间万象的载体，间则指现处的时间。岁月间直观叙述了我对现代设计的理解——平淡而不失优雅。本方案以现代风格为中心思想，整体以白色、灰色和黑色为基调，在简约明亮的空间中散发着属于现代风的清新感。

户型分析图 FLOOR PLAN

室内配色 INTERIOR COLOR

图 2-55　"C"字形版式设计

半月书屋　香醇的咖啡百味的空间

正香浓的手工冲泡咖啡，欣赏户外的自
然风景，陶冶情操
一边静心地沉浸在阅读世里。

图 2-56　冷色系图册设计 1

绿意画坊

梁晓漩毕业设计

图 2-57　冷色系图册设计 2

图 2-58　暖色系图册设计

三、学习任务小结

通过本次任务的学习，同学们已经初步了解了室内设计毕业图册和展板的排版知识，对图册和展板的典型特征和代表样式有了一定的认识。同学们课后还要结合课堂学习拓展理论知识，并结合生活中的实际案例对版式设计风格特征做总结，全面提升自己的综合审美能力。

四、课后作业

（1）将自己的毕业设计进行排版设计。

（2）收集和整理 10 套不同风格的国内外优秀室内设计展板案例作品。

学习任务

五　制作 PPT 与排版

教学目标

（1）专业能力：能认识 PPT 的构成要素以及排版方法；能制作室内设计专业的毕业设计 PPT，并通过文字、图片、图形的合理布局使页面呈现最佳的展示效果。

（2）社会能力：收集室内设计方案的 PPT 与排版的精美案例，能制作出应用于室内设计的精美 PPT，并能拓展到展示设计、服装设计等领域当中。

（3）方法能力：资料收集能力，色彩搭配能力，设计案例分析、提炼及应用能力。

学习目标

（1）知识目标：掌握 PPT 的基本组成要素和基本特征。

（2）技能目标：通过文字、图片、图形的合理布局，能够制作出应用于室内设计毕业设计的精美 PPT，并在此基础上将设计方案的理念及内涵在 PPT 中展示出来。

（3）素质目标：能够掌握页面的基本布局方法，培养学生的综合审美能力和创造能力，培养综合职业能力。

教学建议

1. 教师活动

（1）教师通过让学生观看室内设计 PPT 版面，启发和引导学生自主发现 PPT 的组成要素，同时，让学生能够对资料进行归纳和整理。

（2）教师讲解实际案例，引导学生发掘 PPT 制作的基本要求并提高学生的综合审美能力。

2. 学生活动

经过教师对案例的分析后，学生分组对室内设计 PPT 案例进行讨论和分析，提高总结与提炼能力。同时，拓展 PPT 排版知识，课后参观展览会及高校毕业展，提高综合审美能力，为制作优秀的毕业设计 PPT 奠定坚实基础。

一、学习问题导入

今天我们一起来学习如何制作 PPT 与排版。PPT 是毕业设计常用的工具，它不仅可以体现完整的设计方案，也能通过整体的版面体现设计师的审美能力。完整的 PPT 方案主要包含封面、目录页、内容页以及结束页。图 2-59 是一张酒店设计前期方案的意向图，请大家思考版面中有哪些要素，精美的 PPT 是如何制作的。

图 2-59　酒店设计前期方案意向图

二、学习任务讲解

1. 布局

（1）距离之美。

边距是指页面的边线到文字或图片的距离。在制作 PPT 时，要注意左右边距保持一致，可以使用网络线、绘图参考线调整边距。行距是指一行中文的最底部与下一行中文最底部之间的距离。一般在 PPT 中使用 1.2 倍或 1.5 倍行距。段距是指段落与段落之间的距离，一般直接空一行即可。边距、行距、段距设置如图 2-60 所示。

图 2-60　边距、行距、段距设置

（2）对齐之美。

PPT 设计在本质上是一种视觉设计。视觉设计非常讲究元素间的关系和摆放位置。对齐即两个元素参照某条有形或无形的线进行排列的排列方法。对齐意味着有序，给人一种稳定、安全的感觉。对齐有助于提高阅读的易读性，可以引导读者的视线自然移动。

对齐的目的是使页面统一而且有条理。在设计中，统一性是一个重要的概念。要让页面上的所有元素看上去统一、有联系而且彼此相关，需要在每个单独的元素之间设置某种视觉纽带，而对齐通过一条无形的线将元素连在了一起，形成了这种视觉纽带。如果页面上的一些项是对齐的，将得到一个更内聚的单元。在毕业设计的 PPT 中，对齐主要分为边界对齐、模块对齐和等距分布，如图 2-61 所示。

图 2-61　边界对齐、模块对齐和等距分布

（3）对称之美。

对称，是图形针对某个点、直线或平面而言的，在大小、形状、排列上具有一一对应关系。对称的事物能给人一种安静的严肃感，蕴含着平衡、稳定之美。常见的对称方式有左右对称和上下对称。如图 2-62 所示为左右对称。

（4）留白之美。

在排版时，并非只能将所有的文字及图片进行简单的堆砌，也可以留白来突出空间主体，给人无限想象，如图 2-63 所示。恰到好处的留白不仅可以给人审美的享受，还能构造出空灵的韵味。

图 2-62　左右对称

图 2-63　留白

2.图形运用

（1）线。

线是点移动形成的轨迹。线有直线、曲线、粗线、细线之分。不同形态的线具有不同的个性。直线有力度，稳定性强，给人以平稳、安定的感觉；曲线活泼、浪漫、动感强，具有丰满、优雅的特点。直线分为水平线、垂直线和斜线：水平线具有静止、安定、平和的感觉；垂直线具有严肃、庄重、高尚等性格；斜线具有较强的方向性和速度感。粗线有力度，厚重感强；细线秀气、灵动，显得轻松、活泼。线是最情绪化和具有表现力的视觉元素。

线在 PPT 设计中主要有三个作用：划分版面、连接版面和修饰页面。

划分版面有多种形式，具体可以分为划分整个版面、划分标题与内容、划分不同段落和划分页面版心等，如图 2-64 和图 2-65 所示。

PPT 中的元素是存在关系的，一般通过线条在元素之间建立联系，如图 2-66 所示。在动线分析时，将图中的每个地址用虚线连接在一起，形成人流动线。线有修饰页面的作用，线的不同长度和粗细带来的修饰效果也是不一样的，同时也要注意线的颜色应与整体页面色调保持一致，如图 2-67 和 2-68 所示。

项目定位原则、战略、规划蓝图

·原则:

针对特定目标市场,而非整个市场;

从以确定的目标客户群的消费心理谋求定位,而不是从生产或销售者的立场定位。青年公寓的定位主要是给刚刚毕业、漂泊在外地寻求发展的年轻人提供性价比高的住处,让他们能在这里认识更多的朋友,从而有家的感觉;

充分考虑市场风险和市场潜力,通过实物载体,获取特定人群,形成社区,进而获得与人群相关的所有消费机会,该项目的定位不仅是公寓,而是年轻人的创业社区。主要面向青年群体提供可居住与创业的服务式公寓。

·战略:

公寓的很多设计、设施和管理措施都为年轻人量身定做,而且住进公寓的"家友"还可以参加定期的交友、交流活动等,公寓里提供创业咖啡馆、酒吧等商业服务区给年轻人更多的交流空间和便利。

·规划蓝图:

长澄第一家规划先进、设计合理、配套齐全,物超所值的高档现代住宅小区,小区内设有健身设施,棋牌室,阅览室等公共娱乐休闲配套设施,小区环境优美,配套设施齐全,交通便利。

项目总体规划设计利用项目地块现有资源,在社区内设置一个南北向轴线为主的景观休闲区,最大限度提供周边绿化场地。

图 2-64 划分标题与内容的版面

图 2-65 划分不同段落

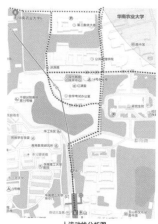

最大的人流密集处是五山地铁口,因为地铁口是外来游客最常经过的地方;第二大人流密集处是粤汉路与珠江路的交界处,是一个十字路口,也是到达教三大草坪的必经之地。

教三大草坪是校巴二号线途经之地,校巴一号线经过教三大草坪前的十字路口,也是校内学生回宿舍的必经之地,人流量大;此处也是校内外人士休闲娱乐的场所,行人的停留时间长,利于展馆的建设和人群的聚集。

图 2-66 连接版面

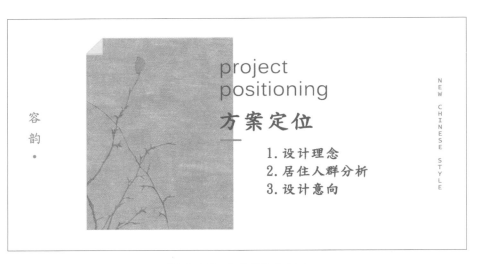

图 2-67　线的修饰作用 1

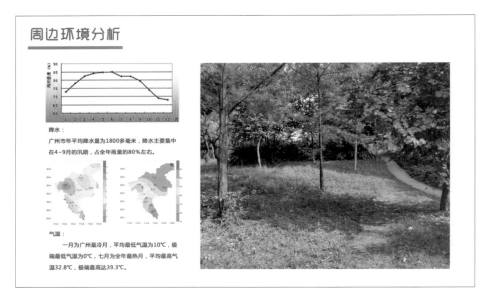

图 2-68　线的修饰作用 2

（2）框和圈。

框和圈是 PPT 设计中很重要的元素。框和圈有规范元素、分割或强调内容、区分主次的作用。在制作 PPT 时，经常会碰到长短不一的文字或形状各异的图标，为了使整体统一协调，可以利用框或圈将内容填进去，使整个页面视觉效果形成统一。对长短不一的文字添加同样大小的框，会加强页面整体性，如图 2-69 所示。需要强调重要的内容时，可以在文字周围添加框或圈，使视觉中心集中在框内，如图 2-70 和图 2-71 所示。

（3）面和色块。

面和色块是 PPT 中常见的元素，通常起到烘托、美化、修饰的作用。面设计出整体内容页的版面。以效果图为背景，在背景上方设置一层有透明度的白色的"面"，从而形成了半透明的区域效果，如图 2-72 所示。

色块可以展示不同的模块内容。将目录中主标题的背景设置成不同的色块，便于观者区分目录的章节，如图 2-73 所示。通常还可以用色块对平面布置图中的不同空间进行区分，如图 2-74 所示。色块和图形形成模块区域效果，加强了页面的规整性。在设计时要注意色块的颜色和整体图片的色调是接近的，如图 2-75 所示。

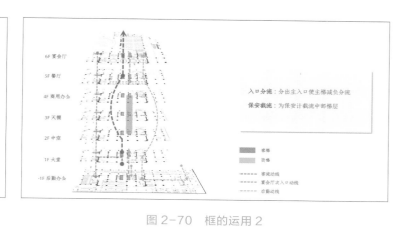

图 2-69　框的运用 1

图 2-70　框的运用 2

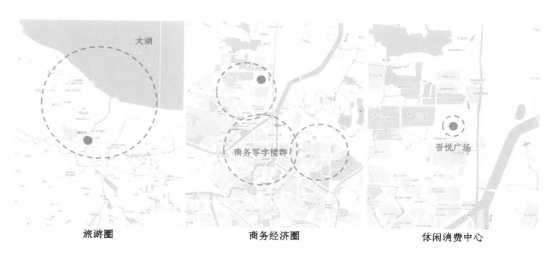

图 2-71　圈的运用

图 2-72　面的运用

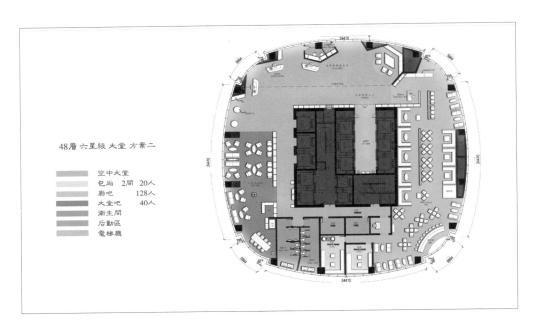

图 2-73　色块的运用 1

48层 六星级 大堂 方案二

空中大堂
包厢　2间　20人
肺吧　　128人
大堂吧　40人
渐生间
后勤区
電梯厰

图 2-74　色块的运用 2

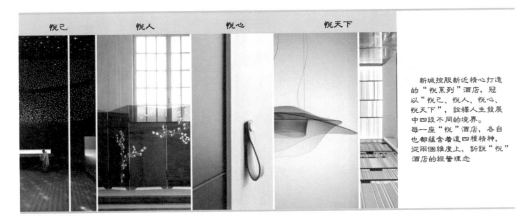

悦己　　悦人　　悦心　　悦天下

新城搜股新近精心打造的"悦系列"酒店，冠以"悦己、悦人、悦心、悦天下"，诠释人生发展中四段不同的境界。每一座"悦"酒店，各自也都蕴含着这四种精神，从两个维度上，诉说"悦"酒店的经营理念

图 2-75　色块的色调运用

（4）图形。

在制作毕业设计 PPT 过程中，图形是表现力最强的元素之一。图形的使用效果对 PPT 展示效果起着决定性的作用。图形的出现等于固定了长宽比，在图形中无论是放图标、图片还是文字内容，都利于页面排版的整齐。常见的图形有箭头、矩形、圆形、三角形和不规则图形等。

箭头具有指向功能，常用来表示包含逻辑的内容或者表示时间进程，例如设计中的推导过程，如图 2-76 所示。在对多张图片进行排版时，图片的大小常常不一致，这时就可以将图片裁切成相同的形状，使页面更加统一，如图 2-77 所示。在室内设计中，为了让读者知道效果图表示的是哪个空间，常会在效果图旁边放置局部的平面图，并标明视觉方向，视觉方向的标识可使用渐变的三角形，使页面内容更加清晰明了，如图 2-78 所示。不规则图形在 PPT 中具有强烈的设计感，在裁剪图片时，可将图片裁剪成不规则的形状，加强页面的设计感，如图 2-79 所示。在制作 PPT 过程中，有时候需要几种图形搭配使用，形状之间可以以组合的方式出现，常有相离、相交或相切等组合方式，使页面的表现力更加丰富，如图 2-80 所示。

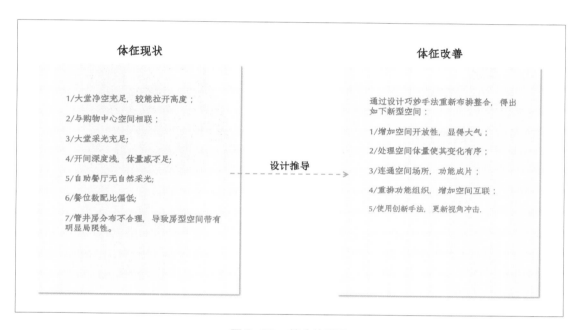

图 2-76　箭头的运用

图 2-77　矩形和圆形的运用

图 2-78　三角形的运用

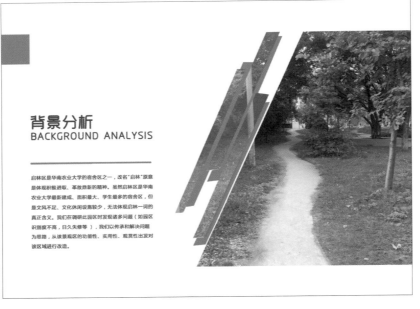

图 2-79　不规则图形的运用

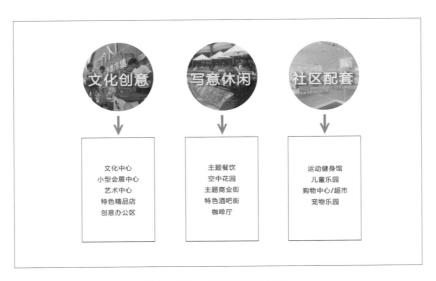

图 2-80　图形的搭配运用

3. 具体设计

（1）文字排版。

文字放在页面上，要想整洁美观，必须要有合理的布局。文字排列组合的好坏，直接影响着版面的效果。在进行文字排版时，应注意两个原则：字少时，排版应错落有致、突出重点，如图 2-81 所示；字多时，排版应合理布局、规整匀称，如图 2-82 所示。

（2）图片排版。

在 PPT 中进行图片的排版时，应注意图片布局合理、排列整齐，如图 2-83 和图 2-84 所示。

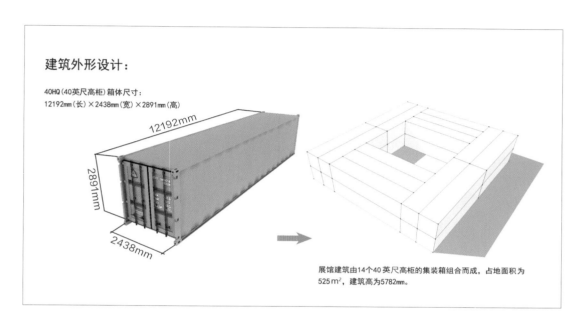

图 2-81　字少时的排版

容　韵　·　设计理念

"中韵奢容"，设计中不拘泥于单一的设计风格，力图
在奢华优雅中呈现出中式的文化气息，追求深沉里显露尊贵，
典雅中浸透奢华的设计表现。

设计风格：新中式风格

图 2-82　字多时的排版

图 2-83　图片布局 1

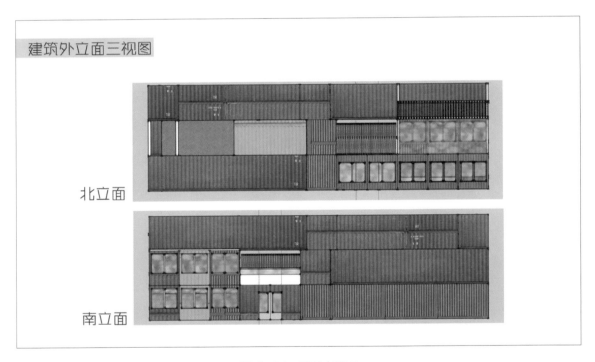

图 2-84　图片布局 2

（3）图文排版。

① 单图加文字排版的要点：小图作为点缀、中图排列形成美感、大图具有冲击力，如图 2-85～图 2-87 所示。

② 双图排版的要点：并列或对称。如图 2-88 所示，采用对称的方式将效果图均匀排列。

③ 多图排版的要点：讲究布局排列之美，如图 2-89 和图 2-90 所示。

（4）标题设计。

在进行标题设计时，可以采用简洁式标题和背景式标题两种方式。简洁式标题即标题简洁，基本无修饰，如图 2-91 所示。背景式标题是以色块作为背景，加强视觉的引导性，如图 2-92 所示。

"空气净化馆"——植物展馆设计

组员：冼雅倩 谢婕妤
指导老师：马悦

图 2-85　小图作为点缀

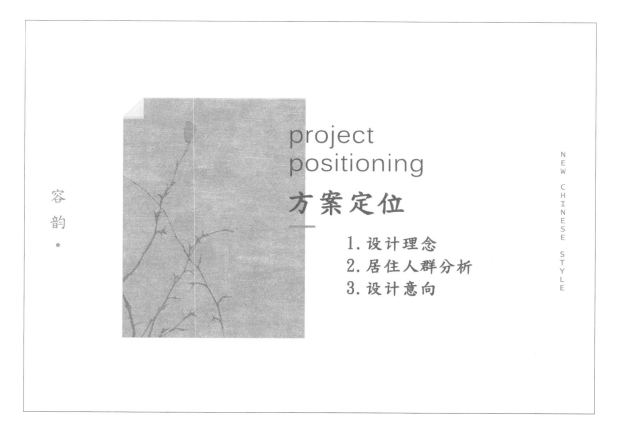

图 2-86　中图形成排列美感

图 2-87 大图具有冲击力

多功能多媒体空间，可用作多媒体播放、报告厅、舞台等，可为孩子提供一个平台交流、活动。
该空间以哆啦A梦为元素，整个空间显得充满童趣。

图 2-88 双图对称排版

图 2-89 多图排版 1

图 2-90　多图排版 2

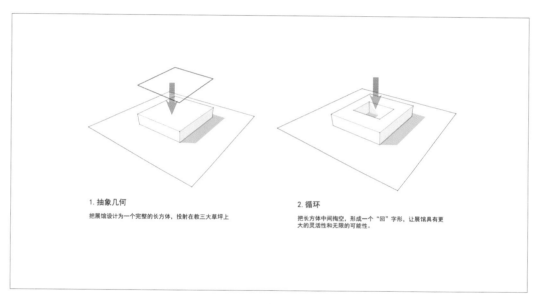

1. 抽象几何

把展馆设计为一个完整的长方体，投射在教三大草坪上

2. 循环

把长方体中间掏空，形成一个"回"字形，让展馆具有更大的灵活性和无限的可能性。

图 2-91　简洁式标题

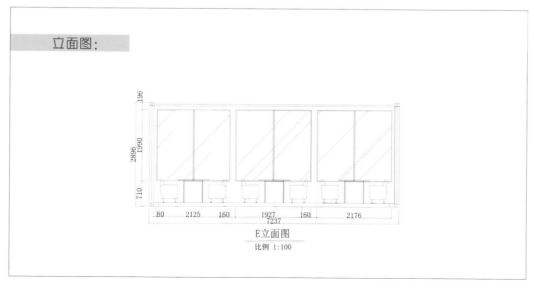

图 2-92　背景式标题

三、学习任务小结

通过本次任务的学习，同学们已经初步了解了 PPT 的构成要素，以及如何制作与排版。本节通过讲解 PPT 的布局、图形运用，让同学们掌握了 PPT 的制作要点。在室内设计中，做一个精美的 PPT 体现设计方法是非常重要的，大家可以多学习优秀的室内设计排版案例，将所学的排版知识运用到毕业设计 PPT 制作中。下次课请同学们展示自己的毕业设计 PPT 作品。

四、课后作业

（1）每位同学收集 10 幅自己喜欢的室内设计 PPT 方案。

（2）将所学的排版知识运用到毕业设计 PPT 的制作中。

项目三
毕业设计的步骤与技巧

学习任务 一 毕业设计选题的确立

教学目标

（1）专业能力：通过老师提供的"毕业设计选题指南"进行小组讨论，明确各选题的具体内容以及要求，结合小组讨论意见以及指导老师的建议确立毕业设计选题。

（2）社会能力：能够对选题进行独立思考，并深化其内涵。

（3）方法能力：资料收集、整理、归纳能力，设计案例分析应用能力。

学习目标

（1）知识目标：掌握毕业设计的选题原则。

（2）技能目标：能依据选题原则，确立本小组或个人的毕业设计选题。

（3）素质目标：能够培养分析能力以及与合作伙伴、老师沟通交流的能力。

教学建议

1. 教师活动

（1）教师讲解选题的原则，引导学生思考、小组讨论，并确定选题。

（2）教师和学生深入沟通，帮助学生确立选题。

2. 学生活动

学生在课堂聆听老师对选题的讲解与分析，并在教师的指导下确定选题。

一、学习问题导入

本次任务我们主要讲解如何按照毕业设计的实施步骤，指引同学们完成一套完整的毕业设计。关于毕业设计的选题，每年毕业设计指导委员会都会根据常规的居住空间、商业空间、办公空间等结合校企合作企业提供的实际工程项目和学生实际情况指定毕业设计选题，供学生选择。

选题是毕业设计制作的第一步，指导老师要给每位同学提供选题，同学们要认真仔细阅读，以 2021 年毕业设计选题为例，"毕业设计选题指南"包含了七个选题，如图 3-1 ～ 图 3-3 所示。每个选题列明了设计原则以及设计要求，同时对毕业设计有明确的成果提交要求，并且根据分组要求（可以个人独立完成），进行小组讨论，或者结合学生的专业、爱好、特点以及有可能从事的职业和岗位与老师交流想法，并最终确立毕业设计选题。

附件：

XXXX 级毕业设计选题指南

一、选题内容：

选题一：家居室内空间装饰设计：
　　68 平方米以上户型整套设计，图纸由企业或者老师提供。
　一、设计原则：
　　以满足人和人际活动的需要为核心；遵循整体性设计原则，保证室内空间协调一致的美感。空间的使用功能如布局、界面装饰、陈设和环境气氛与功能统一。设计师也需要本着生态设计、绿色建材、节约资源、降低能源等原则进行室内设计。
　二、设计要求：
　1、自拟风格，明确设计定位，整体与细部风格统一。
　2、图纸需标注详细尺寸，画面整洁，制图规范，注明材料。
　3、按照居住建筑室内设计的基本原理，满足功能的基础上，力求方案有个性、有思想、更多关注家庭形态因素，追求细节的创意，注重室内空间色彩设计以及家具与陈设的搭配，通过装饰风格的营造体现地域文化内涵。造价不限。
　4、针对居住的需要，充分考虑空间的功能分区，组织合理的交通流线。充分利用现有条件和业主的情况，结合自己对居住建筑室内设计的理解，创造温馨、舒适的居住环境。

选题二：办公空间设计：
　　150 平方米以上空间整套设计，图纸由企业提供。
　一、设计原则：
　　对于办公空间设计需要灵活性、协调性、文化性、整洁性的原则，首先值得注意的就是要在装修的时候注重营造秩序感。秩序感是办公空间设计的一个基本要素，办公空间设计也正需要运用这些原则来创作。办公空间的布局应着重考虑其工作的性质、特点及各工种之间的内在联系。应了解工作的流程特

性，避免整个工作的进展交叉移动。服务性空间的分布要顾全整体，能为整个办公系统提供快捷方便的服务。
　二、设计要求：
　1、自拟风格，明确设计定位，整体与细部风格统一。
　2、图纸需标注详细尺寸，画面整洁，制图规范，注明材料。
　3、掌握办公建筑室内设计的基本原理，在满足功能问题的基础上，力求方案有特色。体现企业品牌文化特征，能够运用家具与陈设进行装饰风格的营造。风格不限，造价不限。
　4、针对办公需要，充分考虑各功能分区，组织合理的流线。
　5、充分利用已有自然条件，结合人为效果，创造合理.舒适的办公环境。 设计要求需是一定的规范要求。

选题三：红茶馆空间室内设计：
　　150 平方米左右整套红茶馆设计，图纸由企业或者老师提供。
　一、项目背景：
　　为共同打造清远英德红茶科创小镇，红旗茶厂坐落于广东省英德市英红镇秀才水库旁，建于 1958 年。英德红茶是英德的骄傲，也是中国的骄傲，英德红旗茶厂的历史文化资源，亟需保护、传承、弘扬。红旗茶厂杀青车间，后改造成红茶展销馆。
　二、设计原则：
　　分析红茶馆当前的基地现状，分析消费人群定位，设计出满足接待、体验、展销等功能的空间；提升红旗茶厂的知名度和销售量，达到产学研为一体的融合发展目的。从整体性设计原则出发，保证室内空间协调一致的美感。空间的使用功能如布局、界面装饰、陈设和环境气氛与功能统一，服务流线顺畅方便。设计师也需要本着生态设计、绿色建材、节约资源、降低能源等原则进行室内设计。
　三、设计要求：
　1、自拟红茶馆的风格定位，明确设计定位，整体与细部风格统一；
　2、充分前期调研分析，总结现状不足，并提出改造方案。不得随意拆承重墙和改变天花结构。

图 3-1　毕业设计选题指南 1

3、图纸需标注详细尺寸，画面整洁，制图规范，注明材料，效果图不少于5张。

4、按照红茶馆空间室内设计的基本原理，满足功能的基础上，力求方案有个性、有思想，更多关注互动的因素，追求细节的创意，注重室内空间色彩设计以及家具与陈设的搭配，通过装饰风格的营造体现地域文化内涵。

5、材料要求美观耐用，环保无污染，多从环境可持续性角度出发思考。

6、针对红茶馆的需要，充分考虑空间的功能分区，组织合理的交通流线。

选题四：餐饮空间室内设计：

150平方米以上整套餐厅设计，图纸由企业或者老师提供。

一、设计原则：

根据餐厅设计的消费人群定位，设计以满足人群餐饮交流活动的需要为核心；整体性设计原则，保证室内协调一致的美感，空间的使用功能如布局、界面装饰、陈设和环境气氛与功能统一，服务流线顺畅方便，设计师也需要本着生态设计、绿色建材、节约资源、降低能源等原则进行室内设计。

二、设计要求：

1、自拟餐厅的风格定位，明确设计定位，整体与细部风格统一；

2、图纸需标注详细尺寸，画面整洁，制图规范，注明材料；

3、按照餐饮空间室内设计的基本原理，满足功能的基础上，力求方案有个性、有思想、更多地关注互动的因素，追求细节的创意，注重室内空间色彩设计以及家具与陈设的搭配，通过装饰风格的营造体现地域文化内涵；

4、材料要求美观耐用，环保无污染，造价不限。

针对餐厅的需要，充分考虑空间的功能分区，组织合理的交通流线。

选题五：房地产销售中心设计：

150平方米以上整套销售中心空间设计，图纸由企业或者老师提供。

一、设计原则：

根据房地产开发商企业形象，楼盘特色，目标人群定位，设计以满足展示与销售交流活动的需要为核心；展厅区域的分布、人流动线、情绪动线等合理，保证室内空间协调一致的美感，空间的使用功能如布局、界面装饰、陈设

和环境气氛与功能统一，整个空间需突出楼盘项目信息的特点与价值，购房者在参观销售中心后，能更加深刻的认识房地产开发商，达到有效的宣传展示效果。

二、设计要求：

1、自拟销售中心的风格定位，明确设计定位，整体与细部风格统一；

2、图纸需标注详细尺寸，画面整洁，制图规范，注明材料；

3、按照商业空间室内设计的基本原理，满足功能的基础上，力求方案有个性、有思想、更多地关注互动与展示的因素，追求细节的创意，注重室内空间色彩设计以及家具与陈设的搭配，通过装饰风格的营造体现房地产开发商企业形象；

4、材料要求美观耐用，安全环保无污染，造价不限；

5、针对销售中心的需要，充分考虑空间的功能分区，组织合理的人流动线。

选题六：实训楼8楼走廊文化设计：

实训楼8楼走廊墙壁，按照实际度量尺寸开展设计，最后按照设计方案根据实际情况开展墙面翻新及墙绘施工活动。

一、项目背景：

实训楼8、9楼为艺术设计系萝岗校区核心教学场地，且主要面向室内设计专业，大部分学校都会把楼道作为文化宣传的阵地，艺术设计系也在2020年周密计划后，于2021年寒假期间率先于实训楼9楼开展墙面文化建设工作，活动主要围绕室内设计、油漆与装饰世赛项目等主题开展，最终效果较为理想，现进一步把文化建设活动推广至实训楼8楼，使文化建设工作覆盖艺术设计系所有实训场地。

二、设计原则：

设计主题限定在室内设计、世界技能大赛及油漆与装饰等范围开展，整体设计风格应大气、上进，文化宣传以室内设计专业及工匠精神推广为目标，相关图案元素及文字标语应为以上主题服务，墙面图案切忌给人幼稚、低俗的感觉，全楼层墙面颜色搭配及设计风格应统一，应把8楼全楼层作为一个整体进行考虑，切忌分散思考，效果零散。

三、设计要求：

图 3-2 毕业设计选题指南 2

1、对实训楼8楼墙面进行尺寸度量，详细记录墙面管道、消防、门窗等尺寸；

2、拟定整体设计风格，包括颜色、色块元素等；

3、围绕室内设计、世界技能大赛、油漆与装饰、工匠精神等收集LOGO、图案等元素；

4、以不同朝向的整面墙作为设计单元，根据各单元的墙面结构（考虑线管、门、窗等）做出详细设计方案；

5、集体讨论修改，确定最优方案；

6、依据方案对墙面进行整体或局部施工，体验从设计到实施的整个过程。

选题七："乡村振兴"民宿设计：

150平方米以上空间整套设计，图纸由企业提供

一、设计原则：

以人为本；符合国家及地方相关法律法规；注重艺术和传统结合；合理利用空间；弱化风格设计，打造独特品位；强调室外院子空间，提供开放的公共活动场所。

二、设计要求：

1、主题：书香门第 艺术院子；

2、定位：超级民宿——高端文化民宿；

3、业态：以民宿为核心，配备相关生活及休闲配套；

4、风格：室外风格与古村建筑形态及风格保持一致，室内以现代中式风格为主；

5、功能布局：

（1）客房比例：大床房；双人房；套房=5：4：1；

（2）每间客房必须有独立卫生间，每栋视使用需要配备1~2个公共卫生间；

（3）公共空间：必须配备满足小型聚会、沙龙等互动的公共空间；

（4）每栋院子配备共享式餐厅及开放式现代厨房（无明火）；

（5）整个项目需配备共享公共开放式空间，如茶室、书吧、咖啡吧等；

（6）整个项目需配备后勤服务空间，如布草间、储物间等，满足后勤需要；

（7）整个项目需配备接待区，满足入住登记、咨询等功能，面积不宜过大。

二、各选题成果要求：

▲毕业设计由小组完成或独立完成，每小组成员不能大于4人

1. 原始平面图、隔墙尺寸图、平面布置图、天花布置图、地花布置图、天花灯具布置图、开关插座定位图各一张（尺寸为A3），内容符合室内设计原理，人体工程学等相关专业知识，并依据室内装饰制图规范制作。

2. 立面索引图1张，两个主要空间立面图各2~4张（尺寸为A3），内容符合室内设计原理，人体工程学等相关专业知识，并依据室内装饰制图规范制作。

3. 任意两个主要空间效果图各1~2张（表现手法不限，尺寸为A3），效果图制作美观、协调，能为方案设计起说明性作用。

4. 节点大样图：符合制图规范以及工艺制作标准，比例合理，图幅为A3纸，数量不少于2个。

5. 软装设计分析图：至少3个主要空间，图纸数量可根据设计表达需要而定

6. 设计说明：运用合理专业的语言表达设计创意、施工工艺等内容，文字控制在800字内。

7. 设计调查报告、设计前期的设计草图及手稿等资料必须保留，并将其整理纳入到设计方案图册中，作为设计过程的记录。

8. 整套设计方案打印装裱成册（彩打，铜版纸精装），尺寸规格为A3。

9. 用Photoshop排版成规格为（900mm×2000mm）展板并喷绘打印。

注：以上资料都必须提交电子版（整理刻录成光盘）以及纸质版。

通过此毕业设计，能灵活运用计算机绘图软件CAD、3D Max、SketchUp草图大师、Photoshop以及手绘图纸等媒介表达设计想法，做出一套完整的方案设计图册，符合毕业设计的要求。

图 3-3 毕业设计选题指南 3

二、学习任务讲解

1. 选题分类

选题主要从室内设计的潮流、行业的动向、社会关注的热点问题以及职业岗位要求等进行考虑。其分类如下。

（1）企业真实项目选题。

在职业院校中，校企合作是非常重要的专业建设内容之一，校企共同制定毕业设计选题以及设计要求，能使毕业设计更加实用。以企业的标准，以及企业所采用的设计程序和方法指导设计实践，以科学合理的方法来控制设计过程，重视设计方法的应用，提高设计的效率。本次的选题二、选题三、选题五以及选题七都是企业提供的实际工程项目。

（2）竞赛项目选题。

竞赛项目选题，是以参加技能竞赛项目的主题和设计要求为设计依据，对参赛设计的主题所关注的新的生活方式、装饰理念、地域文化等进行深层次的挖掘和提炼。例如本次选题四的餐饮空间室内设计，就是引用2021年第二十届"新人杯"全国大学生室内设计竞赛的题目，如图3-4所示。校外专业设计竞赛培养学生的设计创新能力，发现和表彰优秀学生，加强与同类院校之间的学习交流，既鼓励了学生学习室内设计专业，同时也促进室内设计人才培养和教学水平的提高。

图3-4　2021年第二十届"新人杯"全国大学生室内设计竞赛
图片来源：CIID室内设计网

（3）生活中发现的改造项目。

室内设计专业的学生，除了在生活中发现美之外，还需要养成仔细观察生活细节，具备发现问题、解决问题的能力。本次选题六的实训楼8楼走廊文化设计就是以室内设计专业内涵以及世界技能大赛油漆与装饰项目为主题，对现有缺乏文化气息的实训楼走廊进行设计改造并实施的。此选题的优势是学生熟悉项目空间，亲身体验，同学们经历了从设计到实施整个过程，意义非凡，如图3-5～图3-8所示。

图3-5　方案设计与讨论

2. 确立选题

教师对相关选题进行详细剖析后，学生查阅资料，结合小组或者自身的实际情况、设计喜好，以及自身的专业发展方向来定题。从提供的三大选题方向来看，学生选择企业真实项目选题比较多。基于职业类院校的特点，毕业设计的选题源于企业，学生在校企双导师的指导下，使设计更具有针对性，提高实习期间对工作岗位的熟悉度，能更快适应就业环境。学生根据工作岗位设计出来的作品，贴近市场需求，符合企业标准，更好地实现与岗位的零距离对接。

我们以企业真实项目选题的选题二办公空间设计为例进行重点任务讲解。

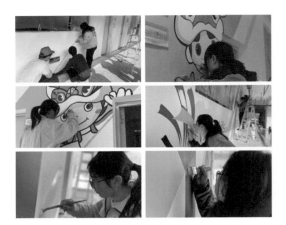

图 3-6　墙面修补与翻新阶段　　　　　　　图 3-7　图案绘制阶段　　　　　　　图 3-8　成品保护阶段

（1）设计原则。

根据办公室设计的功能性定位，以满足办公舒适的需要为核心，强调整体性设计原则，保证室内空间协调一致。空间的使用功能如布局、界面装饰、陈设要和环境气氛相统一，还要注意流线顺畅方便。设计师也需要本着生态设计、绿色建材、节约资源、降低能源等原则进行室内设计。

（2）设计要求。

靠落地玻璃的区域可以设置吧台，方便员工休息、聊天和饮食。电梯门对着的区域为前台，前台两个人办公。功能分区上需要一个接待区、一间HR 小办公室、一间总经理办公室、一间财务办公室、一个品茶区、一间会议室、茶水间、打印区域

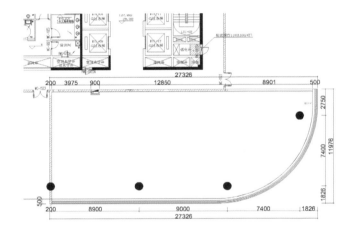

图 3-9　建筑原始平面图

等。办公空间可容纳 50～60 人，还需要一间杂物房和一个备用间。材料要求美观耐用，环保无污染。另外，还要充分考虑办公空间内部的交通流线设计。图纸需标注详细尺寸，画面整洁，制图规范，注明材料。建筑原始平面图如图 3-9 所示。

确定了主题，小组成员就可以有针对性地收集资料以及分析提供的设计条件，为下一设计步骤做好准备。

三、学习任务小结

通过本次任务的学习，同学们了解了毕业设计的选题原则以及毕业设计的全流程，对自己的毕业设计选题也有了一定的思路。选题的确定一定要遵循专业特长以及与工作岗位技能要求相结合的原则，力争将真实设计项目引入毕业设计。

四、课后作业

（1）请根据老师提供的毕业设计选题方向和小组或者个人的实际情况确定选题。

（2）请根据确定的选题搜索资料，为下一步骤设计调研以及小组工作任务安排提前思考与做准备。

学习任务
二

毕业设计调研与任务安排

教学目标

（1）专业能力：掌握毕业设计调研的方法；能根据设计范围进行资料的收集；能进行初步的设计任务分工。

（2）社会能力：关注社会需求，了解客户的设计需求共通点，认真观察生活中的室内空间设计，收集优秀案例，并能分析设计亮点和特点。

（3）方法能力：信息和资料收集的方法能力，设计案例分析方法、提炼方法及应用能力。团队分工合作的统筹能力。

学习目标

（1）知识目标：掌握编写调研报告的方法；掌握调研报告提炼为汇报 PPT 的技巧；能根据工作分工填写任务安排表格。

（2）技能目标：能够梳理甲方的设计需求和相关的项目资料编写成调研报告，并学会用 PPT 进行现状分析；能够根据设计任务进行合理分工。

（3）素质目标：能够将设计资料梳理清晰，寻找有价值的设计理念，具备团队协作能力和一定的语言表达能力，培养综合职业能力。

教学建议

1. 教师活动

（1）教师收集优秀室内设计案例进行展示，并分析讲解设计调研的内容以及方法，让学生对设计调研有初步认识。同时，运用多媒体课件、教学视频等多种教学手段，讲授学习要点，指导学生进行毕业设计调研。

（2）教师通过展示往届优秀毕业设计作品，让学生对毕业设计调研和汇报有一定了解，并探索更好的图示表达方式和口头阐述方式。

2. 学生活动

（1）选择优秀毕业设计作品的调研 PPT 进行小组讨论，梳理设计调研的要点，并根据所确立的选题进行设计调研，通过收集整理资料，制作设计调研的 PPT 并汇报，从而训练语言表达能力和设计分析能力。

（2）在教师的指导下进行毕业设计调研实训。

一、学习问题导入

今天我们来学习毕业设计调研的相关内容。今天我们以之前确定的企业真实项目选题的办公空间设计为例进行学习。设计调研可以帮助我们了解设计项目的基本情况，包括地理位置、地域特征、建筑结构、使用对象、消费人群、设计要求、需要通过设计改造解决的难题等，使设计更具有针对性，更符合使用者的需求。办公空间设计的选题，设计调研应该包括项目所在地域的分析、办公空间的概念、办公空间分类、办公空间设计的注意事项、企业的文化理念等，以及对相关优秀案例进行分析，归纳其优缺点。

二、学习任务讲解

1. 设计调研的概念

设计调研是围绕毕业设计主题开展的设计准备工作，它能使设计者掌握许多与设计对象相关的信息和资料，由此保障设计的顺利实施和高质量完成。设计调研是设计实施过程中不可缺少的一个重要环节，作为把握设计方向、确立设计目标以及完善设计结果的必要手段，设计调研的内容与方法在理论和实践两个层面上都得到了深入研究与探讨，从而为设计的实现提供科学而有效的方法论基础。设计调研的内容十分广泛，并且不同的设计领域和设计项目又各自拥有针对性较强的调查内容。一般来说，其主要内容可概括为空间属性调研和客户需求调研两大方向。

2. 调研报告

设计类型的研究多种多样，其研究的程度也各有差异。有的设计可能是一种灵感迸发或顿悟，有的设计需要进行资料的收集，研究性学习针对的主要是资料的收集。该类型研究报告的形式多种多样，不要求有统一的格式，但一般应包含以下内容，即设计目的、设计内容、设计的指导思想和设计的案例分析。

根据本项目三确立的选题，填写以下的办公空间调研报告提纲，见表3-1，并编写3000字以上的调研报告。

表 3-1 办公空间设计调研报告提纲

类别	具体内容
办公空间起源及意义	① 20世纪办公空间追随的是现代化和技术进步之路； ② 21世纪以来，人类社会逐渐呈现崭新的形态与特质； ③ 互联网改变了我们创造与沟通的方式； ④ 办公模式呈多元化发展趋势
办公空间国内外发展现状	① 国内办公空间发展现状； ② 国外办公空间发展现状
办公空间目前整体发展趋势	新型的办公空间在很大程度上将变成一个网络系统，包括高度灵活的交流空间和工作方式
现代办公空间的设计特点	① 人性化； ② 生态化； ③ 智能化
现代办公空间案例分析	① 使工作达到最高效率； ② 塑造和宣传企业的形象； ③ 突出使用者的身份和个性，同时还必须具有较高的安全系数

3. 调研报告 PPT 制作与汇报

小组根据调研报告的内容制作 PPT，提炼出调研报告的核心内容，应用到毕业设计中。制作 PPT 的技巧非常重要，需注意以下原则。

（1）两端对齐原则。

制作 PPT 时，大段的文字宜使用两端对齐的方式，文字便会均匀分布在左右两边，做方案更要注重图片对齐。

（2）亲密性原则。

亲密性是指 PPT 中相关联的元素之间的组织形式。首先，要对信息提炼分组，这是亲密性排版的第一步，因为只有先在杂乱的内容中梳理出关键信息，才能依照亲密性原则进行排列。其次，要按照阅读逻辑，"从左到右，从上到下"是我们常见的阅读排版习惯。无论哪种排版方式，版面排版一定要符合人们的阅读习惯。在此基础上，再遵循亲密性原则进行排版。

请同学们对以下案例进行小组讨论并指出改进的建议，如图 3-10 ～ 图 3-15 所示。

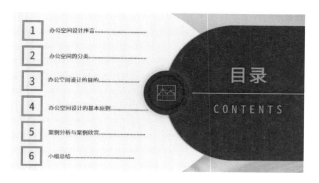

图 3-10 调研报告 PPT 1

图 3-11 调研报告 PPT 2

图 3-12 调研报告 PPT 3

图 3-13 调研报告 PPT 4

图 3-14 调研报告 PPT 5

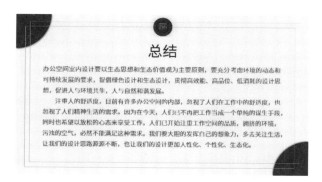

图 3-15 调研报告 PPT 6

4. 设计任务安排

学生根据表 3-2 的设计任务安排表以及每位组员的专业特长，规划各个阶段的工作内容、任务责任人以及完成时间节点，便于推进各阶段工作。

表 3-2 设计任务安排表

序号	任务阶段	主要内容	完成时间	工作内容及责任人
1	发放毕业设计任务阶段	分析"毕业设计选题指南"以及每个选题具体的设计要求，查阅、收集、整理相关资料并完成毕业设计调研报告；收集类似优秀案例的资料并制作开题报告		
2	设计构思阶段	本阶段设计的主要工作内容有两项，即正确理解室内设计要求，分析设计任务书给出的条件，进行方案构思，做出初步设计方案。 （1）了解空间应满足的功能需要，并分析各功能空间的特点。 （2）分析室内原型空间及已有的自然条件，确定出入口、主要功能区的大体位置，并进行功能分区。 （3）针对空间性质，合理安排各功能区流线，合理组织人流。 （4）分析各功能空间应满足的功能需要，对各功能区进行内部规划。 （5）按已划分的功能区安排合适的家具。 （6）考虑室内艺术功能需要，合理安排装饰陈设、绿化等。 该阶段应集中精力先做整体方案性分析，画平面功能分析图，安排功能分区，可做两三个小比例方案，比较分析后选出好的方案再做家具布置设计。在家具布置设计时要充分考虑人体尺寸要求、心理要求等。应画出平面图及初步立面图		
3	中期汇报阶段	这一阶段主要根据已选的题目，以及具体的初步方案和设计构思进行整理汇报		
4	方案确定阶段	这一阶段的主要工作是修改并确定方案，进行细部设计。修改一般在原方案的基础上进行，不做重大改变。方案确定后，将比例放大进行细部设计，使方案更完善。要求如下。 （1）进行总平面图细节设计，考虑设计风格及规范要求。 （2）根据总平面图进行地面铺贴和顶棚设计，要求与总平面图相对应。 （3）研究空间造型，推敲立面细部，要求满足功能需要，并体现设计风格，同时与顶棚和平面协调		
5	设计完善阶段	这一阶段主要工作是弥补上一阶段的缺漏，将方案进一步完善。调整平面、顶棚和立面三者关系，在色彩、风格及材质表现上要协调。按比例绘图，通过手绘或电脑绘图，使图面布置更趋均衡、完美		
6	正图阶段	方案定稿、图纸表达：依据指导老师对上一阶段提交的图纸的修改意见进行修改，充实完善，最后方案定稿，完成所有设计图纸的绘制		
7	文本、PPT制作阶段	完成 A3 图纸文本排版、答辩 PPT 制作、展板电子版制作，整理并展示所有毕业设计成果		
8	完成最后毕业设计阶段	最后毕业设计成果修改、打印出图、按设计任务书要求打印、装订，教师评阅，准备答辩		
9	毕业设计答辩	毕业设计答辩（口头答辩、投影展示）		
10	毕业设计汇展	毕业设计展板、图册、模型展示		

三、学习任务小结

通过本次任务的学习，同学们已经了解了室内设计专业毕业设计前期设计调研的方法和设计任务的安排，现附上前期调研评分表（表3-3），让同学们能更清楚自己的设计思路，更好地完成毕业设计。

表 3-3　调研评分表

项目与分数		评价参考标准	分项目分数	评分
态度 15		设计过程中工作态度端正	5	
		与教师及同组同学的沟通良好	5	
		工作进度控制和把握得当	5	
工作设计制作能力 30	信息收集及处理能力	能独立收集相关资料，并运用恰当	10	
	调研报告编写	能理论联系实际，方案中体现调研成果和总结概括能力	10	
	工作能力	具有一定的独立工作能力，具有一定的团队协作能力	10	
成果与水平 55	空间分类汇报	能概括空间分类，用语规范	10	
	空间基本原则汇报	能概括空间设计基本原则，总结适当，思路清晰	10	
	案例分析汇报	能找到设计亮点，分析设计思路	10	
	排版展示制作	排版制作准确、规范、美观	10	
	任务安排表	时间节点安排合理	10	
	口头表述	用语规范清晰，能表达出设计整体思路	5	
总分			100	

四、课后作业

每组同学完成设计调研报告以及汇报 PPT，并根据小组成员的实际情况填写设计任务安排表，对本小组的设计调研进行详细汇报。

学习任务 三 毕业设计方案推进过程

教学目标

（1）专业能力：能根据设计方案推导的方法进行方案设计，对设计方案深入理解，探索设计理念，并绘制设计草图。

（2）社会能力：收集设计推导应用于平面设计、室内设计和建筑设计的案例，能够分析各类设计中的设计理念、设计元素等实践应用案例，并能口头表述其设计要点。

（3）方法能力：在生活和学习中留意观察不同设计领域、空间类型的设计方案推敲过程，提升收集、整理资料和自主学习能力以及设计案例分析应用能力和创造性思维能力。

学习目标

（1）知识目标：能进行设计方案的推导，能确立设计理念并进行设计草图的绘画。

（2）技能目标：能依据确立的选题以及设计调研分析内容，分组或个人进行毕业设计方案的推进。

（3）素质目标：能够大胆、清晰地表述自己的设计推敲思路、理念，具备团队协作能力和一定的语言表达能力，培养自己的综合职业能力。

教学建议

1. 教师活动

（1）在课堂上教师通过图片展示结合分析与讲解，对各个选题的设计方案进行指导。

（2）指导学生进行毕业设计方案分析实训。

2. 学生活动

（1）学生在课堂上聆听老师的讲解和分析案例，通过独立思考以及小组讨论与指导老师交流想法，明确毕业设计方案设计理念以及方案推进方向。

（2）在教师的指导下进行毕业设计方案分析实训。

一、学习问题导入

今天我们来学习毕业设计方案推进的相关内容。设计方案体现的设计元素、造型、色彩、材质、风格等都是通过设计分析调研，梳理、分析、推导出来的，这样能使设计方案更有说服力。毕业设计中期汇报包括确立设计目标和设计构思的方向都来源于设计方案的推敲过程。

二、学习任务讲解

1. 确立设计目标

设计定位是在充分考虑到设计对象适用范围的基础上的一种设计策略。室内设计的定位包括设计发展趋势、客户定位和设计方法定位。设计定位是确立设计诉求的基点，没有设计定位就无法确定设计的目标对象，难以有的放矢地进行设计，也难以突出设计个性和设计重心。准确的设计定位有助于体现设计的价值。

在进行毕业设计时，不论是实际选题还是虚拟选题，在全面掌握有关调研资料后，接下来将调查结果进行整理和分析，剔除其中无用的部分，让复杂的内容逐渐条理清晰地呈现，其目的在于发现要解决的问题，并使之明确化、系统化。然后，根据调研结果对设计项目相关资料进行科学分析和深入研究，使调研结果对设计产生正面影响，从而锁定设计目标，将其准确定位并由此确立毕业设计的方向。另外，还要特别注意的是，不可跨过市场调查及分析环节凭空去确立毕业设计选题。

2. 设计展开构思

设计展开的过程是一个思路打开的过程，也是把感受提炼、凝结的过程。设计构思是设计者创造能力充分展现的阶段，其基础是对设计项目相关资料的深入分析和研究，从中寻求解决问题的方案。

如何展开构思，必须要借助一种合适的工具进行设计形象表达，设计师无论采用何种技法和手段，无论运用哪种绘画表现形式，画面所塑造的空间、形态、色彩、光影和气氛效果都必须围绕设计的立意与构思进行，正确把握设计的立意与构思，在画面上尽可能地表达出设计的目的、效果，创造出符合设计本意的最佳情趣。因此，设计师必须把提高自身的文化艺术修养，培养创造性思维能力和深刻的理解能力作为重要的培训目标。

（1）设计构思的思维方式。

① 设计构思应从大的空间序列出发注重整体与局部。

设计构思应从大的空间序列出发，根据最初形成的基本风格定位设计的空间序列组合方式。例如北方地区与南方地区的空间布局有众多不同之处，北方地区的空间强调工整、谨慎，轴线基本呈对称布局；而江南园林则刻意打破轴线关系，讲究人在其中的画境。营造空间是对空间的创造，不是简单地将一些传统符号进行堆砌，而是领会文化深刻内涵后创造出一种精神上的历史空间感，否则整个室内设计将显得烦琐而无序。

在确定了大的空间序列之后，就需要对个别空间进行综合协调的设计与构思。功能问题的解决在此尤为重要，因为室内设计最终解决的问题就是功能的组织。功能存在于空间的变化之中，脱离了功能和空间的序列变化去设计构思，将失去实际的意义，所以协调功能与空间的关系是设计中的重要一步。设计构思过程中功能组织是必须完成的步骤，此时交通流线的安排随功能的空间序列的确定也逐步凸显出来。

② 确定采用的材料和色彩。

设计构思中这一重要的环节与空间的营造密切相关。华丽的装饰显然不能创造出淡雅的空间与氛围。目前很多室内设计中大量采用了高档材料，似乎高档的材料便能做出优秀的设计作品，其实千篇一律的材料既无法反映地域文化，又不能体现出设计者的创意和想象力，只有巧妙地运用材料与色彩以及协调空间关系，才能体现优秀的设计个性。

（2）设计构思的表达形式。

① 概念草图的绘制。

室内设计的许多创作灵感都萌生于草图阶段，通过不断演变的草图促进思路不断延伸、拓展和深化，当发展和派生出一定数量的新思路后，经过一段时间的酝酿、修改、完善，便会产生多个不同的设计方案。所以，草图是把思维活动变成具体创作的一个重要步骤，也是传达设计师意图、思想的工具，其绘制要求能较为准确清晰地表达概念和基本造型，而不必追求细节的完美和完善。草图的绘制就是把一些概念通过图示化的形式表现出来。例如奥斯卡·尼迈耶根据多年实践的经验，可以寥寥几笔绘制出建筑概念草图，如图 3-16 所示。

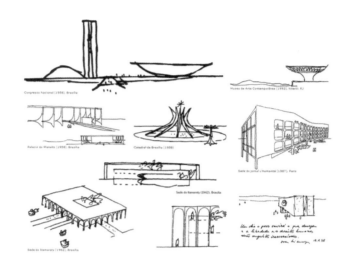

图 3-16　建筑概念草图

② 平面草图的泡泡图。

步骤一：选择软件并创建气泡图或是手绘表现。

常用的室内设计气泡图的绘制软件有 Office 办公软件、Visio、Edraw 等，也可以根据需要选择手绘表现。

步骤二：选择并拖动气泡。

用气泡的形式画出室内设计的各个功能区块，并将气泡进行合适的布局。

步骤三：添加连接线与符号。

用线段将气泡连接起来，如果区块和区块之间的关系密切，就会用多条线段与之相连。这些线之间的关系反映各个功能之间的联系，在布置区块的位置时可以更加明确。功能泡泡图绘制如图 3-17 所示。

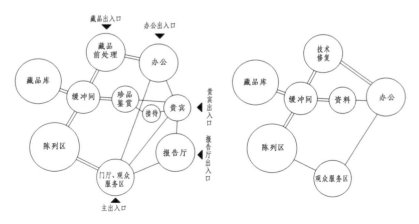

图 3-17　功能泡泡图绘制

3. 设计方案系统的梳理

（1）确立主题。设计构思要有明确的主题思想，主题要清晰、简练、突出。

（2）条理化的设计意图。把设计意图条理化，做出图解式的分析，有助于设计方案的深化。

（3）设计概念和设计理念。完善设计意图后就形成了完整的设计概念，设计理念比设计意图要深入和成熟。

（4）有情节性的设计理念。设计理念不仅要有工程技术或环境方面的分析和思考，还要表现出特殊性的情节性特征，并富有感染力。

室内设计专业毕业设计所涵盖的内容非常系统、全面，可以用"量多面广"来形容，而且具有时间上的局限性。它不仅考查毕业生的专业设计水平，还要考查毕业生的文案表达、设计组织、设计策划、设计实施、经费预算、展示等诸多能力，既要动手，更要动脑，还要多方协调。由此可见，毕业设计是一项复杂、艰巨而富有挑战性的工作，不仅要依托设计者扎实的专业设计功底，还要有步骤地实施。

三、学习任务小结

通过本次任务的学习，同学们已经了解到室内设计专业毕业设计方案推进过程的要点，现附上推进过程的设计方案评分表，见表3-4，同学们能更清楚自己的设计思路，更好地完成毕业设计。

表 3-4　设计方案评分表

项目与分数	评价参考标准		分项目分数	评分
态度 15	设计过程中工作态度端正		5	
	与教师及同组同学沟通良好		5	
	工作进度控制和把握得当		5	
工作设计制作能力 30	信息收集及处理能力	能独立收集相关资料，并运用恰当	10	
	设计方向概念编写	能理论联系实际，方案中体现设计方案概念	10	
	工作能力	具有一定的独立工作能力、团队协作能力	10	
成果与水平 55	空间概念草图	能概括空间分类，用语规范	20	
	平面分区泡泡图	能概括空间设计基本原则，总结适当，思路清晰	20	
	案例分析汇报	能找到设计亮点，分析设计思路	10	
	口头表述	用语规范清晰，能表达出设计整体思路	5	
总分			100	

四、课后作业

每位同学绘制好毕业设计的方案草图，并对自己的草图概念、设计理念和设计要点进行详细点评汇报。

学习任务 四

毕业设计中期汇报与注意事项

教学目标

（1）专业能力：能制作毕业设计中期汇报 PPT；能根据设计任务要求以及设计调研分析对方案风格进行定位；能根据方案进行颜色搭配，材质搭配；能对平面布局图进行布置和分析；能找到合适的示意图。

（2）社会能力：具备一定的平面版式设计能力。

（3）方法能力：信息和资料收集能力，设计案例分析、提炼及应用能力。

学习目标

（1）知识目标：掌握制作毕业设计中期汇报 PPT 的要点，能按照要求填写中期汇报表格，厘清汇报思路。

（2）技能目标：能对选题后的初步设计方案进行整理；能制作汇报 PPT；能用图示化形式进行设计构思表达；能用流畅的语言表达方案中期制作成果。

（3）素质目标：能够大胆、清晰地表述自己的设计构思，具备团队协作能力和一定的语言表达能力，培养自己的综合职业能力。

教学建议

1. 教师活动

（1）教师讲解制作汇报 PPT 的方法，并指导学生进行毕业设计中期汇报方案的设计与制作实训。

（2）教师通过对往届优秀毕业设计汇报 PPT 的展示和分析，让学生明确中期汇报的要点，并探索更好的图示表达方式和口头阐述方案方式。

2. 学生活动

（1）学生分组现场展示和讲解毕业设计中期汇报 PPT，提高语言表达能力和沟通协调能力。

（2）在教师的指导下进行毕业设计中期汇报 PPT 制作实训。

一、学习问题导入

今天我们来学习毕业设计中期汇报的相关内容。毕业设计中期汇报就是将之前做的设计构思、设计定位、方案平面图、设计分析图、设计意向图、局部空间效果图等图纸进行汇总展示。汇报前需要按要求填写"毕业设计（论文）中期报告"，制作毕业设计的中期汇报 PPT，并现场进行展示和讲解。

二、学习任务讲解

1. 填写中期报告

毕业设计中期汇报首先需要填写"毕业设计（论文）中期报告"，见表 3-5。每组派一个代表进行阐述讲解，教师对学生的讲解进行点评。

表 3-5　毕业设计（论文）中期报告（学生用表）

姓名		学号		专业		院系	
毕业设计题目				校内指导教师			
				校外指导教师			
开题报告（打√）				工作进度（打√）			
是否上交（　） 是否批改（　）				超前（　） 正常（　） 滞后（　）			
学生填写	一、选题简介 二、甲方需求 （1）落地玻璃那边有吧台，可以坐着喝东西、休息。 （2）电梯门对着的地方做前台，前台办公两个人。 （3）需要设接待区、一间总经理办公室、一间财务办公室、一个品茶区、一间 HR 小办公室、一间会议室以及茶水间和打印区域。 （4）材料要求：美观耐用，环保无污染。 （5）充分考虑室内交通流线设计。						
	三、任务书应完成的工作内容与进展情况 （1）收集和整理资料。 （2）完成开题报告并最后提交给老师审核。 （3）记录问题，找老师和同学帮忙解决问题。 （4）对空间进行分析，完成整体方案设计方案。						
	四、毕业设计现阶段存在的问题及解决办法 （1）问题。 ①流程不够完整，对设计细节思考不够深入。 ②对相关的研究不够深入，确定设计风格过程较久。 （2）解决办法。 收集资料，仔细研究同类型设计项目，并进行设计分析，尽量优化方案。						

学生填写	五、待完成的工作
	（1）进一步优化设计方案。
	（2）对设计细节进行深入思考。
	（3）向指导老师请教设计方案的建议并修改。
	（4）修改设计，准备毕业答辩。
指导教师意见	

2. 案例讲解

以办公空间设计为例，对该办公空间的中期汇报编写与制作 PPT 进行点评，同学们通过分析案例，了解中期汇报编写的目的。

（1）选题简介。

① 选择自己熟悉、感兴趣、能驾驭的设计主题。选题要选自己熟悉的设计领域，这样可以最终完成设计。

② 查找资料，找到相似的设计案例进行分析比较，寻找适合自己选题的空间设计风格。

③ 体现设计的创新性。设计表达和设计理念都要传递出创新性，体现新的思路，让整个设计方案看上去有新意。

（2）方案汇报。

① 风格定位。

结合客户需求确定设计风格和设计定位。撰写设计说明，阐述设计主题思想。

② 配色和材料选择。

确定室内空间的主调，根据室内设计中的三色原则，即同一空间内所搭配的色彩不超过三种颜色，确定室内主要的三种颜色，黑、白、灰这三种颜色属于无彩色，不算作颜色种类。三色中要有一个颜色作为主色调，占比较大，其他颜色占比较小。室内色彩要按照"大协调、小对比"的方法进行色彩搭配。

室内空间中材质的选择包括对质感、色彩、肌理的选择。质感上要尽量光亮、整洁；色彩上要有一定的层次感和对比效果；重点区域和形象墙可以通过变化肌理效果来突出和强调。配色和材料选择如图 3-18 所示。

③ 平面设计方案。

平面设计方案要合理规划和布局各个功能空间，满足办公空间各职能部门的办公需求。要考虑空间的用途和属性，具有私密性的空间要独立设置，具有开放性的空间要敞开，设置交流和沟通的区域。空间的尺度要符合基本的使用要求。平面设计方案如图 3-19 所示。

图 3-18　配色和材料选择

沙漠灰大理石
阻燃地毯1
印花地毯
阻燃地毯2
耐磨复合地板
阻燃地毯3
阻燃地毯4
阻燃地毯5
地砖

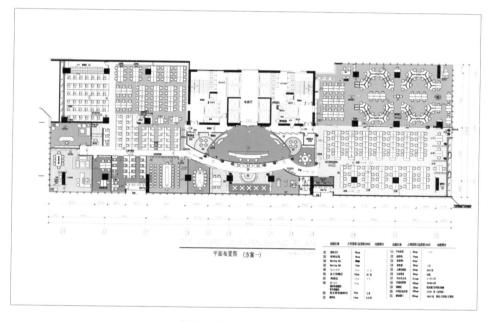

平面布置图（方案一）

图 3-19　平面设计方案

④ 交通流线设计。

交通流线设计要顺畅，避免太多交叉形成交通阻碍。动线设置必须形成回路，尽量不出现射线，避免让顾客走回头路。如果人流动线不得已在平面内形成单条射线，则考虑在端点处设置一些餐饮空间、洗手间或垂直电梯满足人们的特殊需求。

平面交通流线之内，圆角优于钝角，钝角优于直角，尽量少出现锐角。要预留合适的通道宽度，通道宽度要根据空间的体量和人流量进行设计。交通流线设计如图 3-20 所示。

（3）设计意向图汇报。

设计意向图就是以图片的形式将设计的意向展现出来，其主要展现各个功能空间的预想设计效果，并为正式制作效果图提供参考。室内设计意向图如图 3-21 所示。

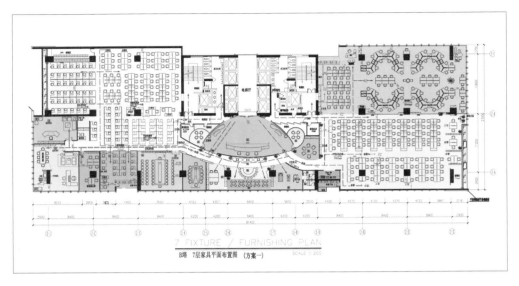

图 3-20　交通流线设计

图 3-21　室内设计意向图

三、学习任务小结

通过本次任务的学习，同学们已经了解了办公空间的毕业设计中期汇报的方式和主要内容。课后，同学们要多收集办公空间前期汇报方案，分析其制作方法和素材搭配要点，逐步优化和完善自己的汇报方案。

四、课后作业

优化毕业设计中期汇报 PPT，进行汇报演练。

学习任务

五

毕业设计作品的制作与完善

教学目标

（1）专业能力：能进行设计的深化；能根据设计草图绘制电脑效果图；能绘制施工图。

（2）社会能力：关注日常生活中的室内设计尺寸数据，并能合理运用于施工图绘制。

（3）方法能力：信息和资料收集能力，设计案例分析、提炼及应用能力。

学习目标

（1）知识目标：掌握毕业设计作品中的电脑效果图和施工图的绘制方法。

（2）技能目标：能够运用相关软件规范地绘制电脑效果图和施工图。

（3）素质目标：能够大胆、清晰地表述自己的设计构思，具备团队协作能力和一定的语言表达能力，培养自己的综合职业能力。

教学建议

1. 教师活动

（1）教师展示、分析和讲解电脑效果图和全套施工图，告知学生绘图的标准。

（2）教师指导学生进行电脑效果图和全套施工图绘制实训。

2. 学生活动

在教师的指导下进行电脑效果图和全套施工图绘制实训。

一、学习问题导入

本次任务我们一起来学习毕业设计作品的制作与完善，主要内容就是分析电脑效果图的艺术表现形式和施工图的制图标准和规范。请同学们思考，制作电脑效果图需要注意哪些方面的问题。

二、学习任务讲解

1. 设计分析

以办公空间设计为例，对该办公空间的深化设计方案进行点评，研究办公空间的设计分析如何表达。

（1）办公空间的区位分析。

① 城市区位、基地位置。

城市区位主要分析项目所在城市的位置，通过对城市地域的研究可以确定所在城市的人文环境、气候条件和城市规模等信息（图 3-22）。基地位置分析，一般使用现状的全景照片或分析项目与周边建筑的关系。

② 城市肌理、可达性（交通）分析。

城市肌理分析涉及城市与基地之间的轴线关系、公共空间、密度、朝向、间距、布局、风格等。可达性分析包括分析城市的街道路网、基地的出入口、交通的灵活性以及城市交通的交叉口、平行道口和立体交通等（图 3-23）。

图 3-22 城市区位分析

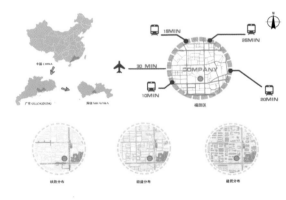

图 3-23 城市肌理、可达性（交通）分析

③ 区位优势与限制。

分析区域独特的资源与优势以及不利条件等。

（2）办公空间的设计亮点分析

① 深入理解企业类型和企业文化。只有充分了解企业类型和企业文化，才能设计出反映该企业风格与特征的办公空间，使设计具有个性与生命。

② 了解企业内部机构设置及其相互联系。只有了解企业内部机构，才能确定各部门所需面积和人流线路。

③ 让办公空间设计体现艺术性。现代办公空间需要设计各种美的造型，配合协调的颜色，配置明亮的灯光，让办公空间的装饰不再单调，这样可以提高的员工的工作效率，为企业增效。

④ 强调舒适性原则。办公空间设计应尽量采用简洁的设计手法，避免采用烦琐的细部装饰和过多、过艳的色彩。在规划灯光、空调和选择办公家具时，应充分考虑其适用性和舒适性。

办公空间的设计亮点分析如图 3-24 和图 3-25 所示。

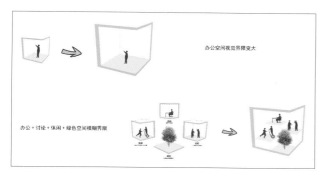

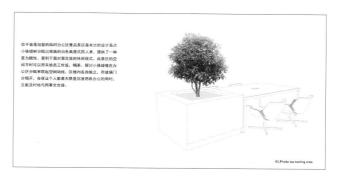

图 3-24　办公空间的设计亮点分析 1 　　　　　图 3-25　办公空间的设计亮点分析 2

2. 电脑效果图

以办公空间为例，对该办公空间的方案深化进行点评，研究办公空间的电脑效果图表达。

本案例为华岸电商贸易有限公司办公空间室内设计，项目位于广东省深圳市福田区深南大道的超高层写字楼 38 层，地段繁华，交通便利，透过建筑玻璃幕墙，城市美景尽收眼底。室内空间以黑、白、灰为主基调，塑造出简洁、干练和理性的公司形象，同时表现出一丝紧迫与压力，让人有一种工作的责任感。办公家具选择暖色系的橙红色，给人以一种积极、明亮、温暖的心理暗示。桌椅的造型简洁、圆润，体现出舒适感。没有复杂的灯光和装饰，只为传达专注、高效的工作氛围与文化。最后的点睛之笔是巧妙地将生态绿植与极简的办公空间融合在一起，使严肃紧张的办公空间带有自然之趣。案例电脑效果图如图 3-26 ～图 3-32 所示。

图 3-26　员工办公室设计 1 　　　　　　　图 3-27　员工办公室设计 2

图 3-28　会议室设计 　　　　　　　　　　图 3-29　经理室设计

图 3-30 休闲区设计

图 3-31 阅读区设计

图 3-32 前台设计

3. 施工图表达

以办公空间为例，对该办公空间的方案深化进行点评，研究办公空间的深化施工图表达。

（1）平面图深化：在确定的平面方案框架内进行平面图纸的深化，包括拆建墙图、地材铺贴图、天花图、水电图等。

（2）立面图深化：主要把立面的装饰和造型绘制成图纸，包括造型样式、尺寸、材料。

（3）节点和大样图深化：主要是对一些剖面和收口进行细化，尤其是表现内部结构和细节尺寸。

相关施工图如图 3-33 ~ 图 3-39 所示。

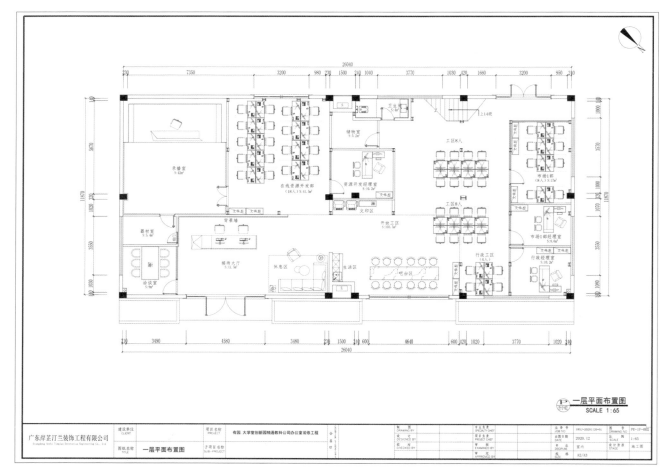

图 3-33 平面布置图

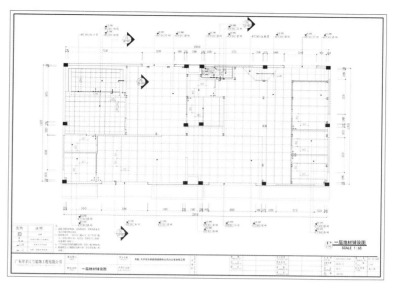

图 3-34　平面地材图

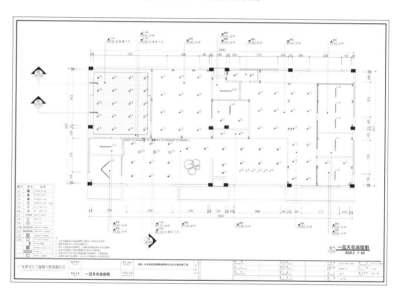

图 3-35　天花图

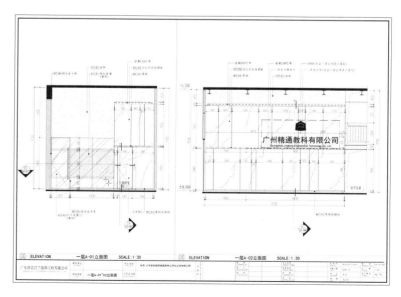

图 3-36　立面图 1

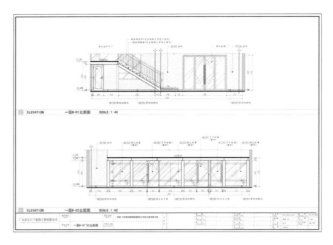

图 3-37 立面图 2

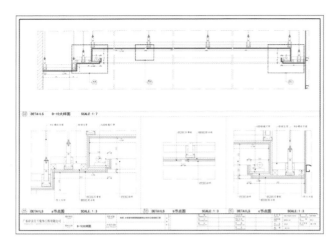

图 3-38 剖面图

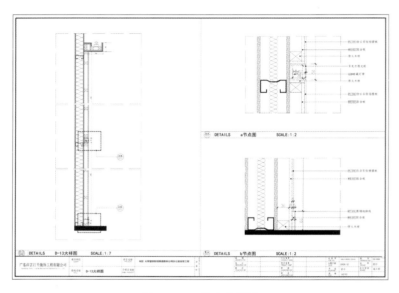

图 3-39 节点大样图

三、学习任务小结

通过本次任务的学习，同学们已经了解了办公空间方向的毕业设计作品设计分析、电脑效果图表达和施工图表达的内容。同学们接下来按照设计要求进一步完善设计图纸，保证图纸的完整性和规范性。

四、课后作业

每位同学绘制 6 幅电脑效果图和 40 幅施工图。

学习任务 六

毕业设计 PPT 制作

教学目标

（1）专业能力：了解毕业设计 PPT 制作的主要内容和具体要求。

（2）社会能力：具备一定的 PPT 制作与排版能力。

（3）方法能力：提升实践应用和自主学习的能力，设计案例分析、提炼及思维转换能力。

学习目标

（1）知识目标：掌握用 PPT 呈现设计方案的方法。

（2）技能目标：能制作 PPT 阐释毕业设计内容和设计理念。

（3）素质目标：能够大胆、清晰地用语言表达毕业设计内容，培养自信心。

教学建议

1. 教师活动

教师讲解毕业设计 PPT 的制作方法和展示技巧，并指导学生进行 PPT 制作实训。

2. 学生活动

学生在教师的指导下进行 PPT 制作实训。

一、学习问题导入

同学们，今天我们一起来学习毕业设计 PPT 制作的方法。PPT 演示是毕业设计的一个重要环节，从选题到过程操作以及作品成果呈现都需要通过 PPT 来展示和阐释，这样的形式可以更简洁明了地表现毕业设计作品的精华和亮点。

二、学习任务讲解

1. 毕业设计 PPT 制作的内容

（1）封面。

封面内容包含作品名称、小组成员、年级班别、指导老师等基本信息。

（2）目录。

目录是指 PPT 的主要内容提纲。

（3）设计内容。

设计内容包括项目概括（地理分析、交通分析、环境分析等）、设计理念（元素、设计原则、设计意向等）、项目分析（风格定位、功能分区、人流动线分析等）、 项目设计要点（材料、配色）。

（4）作品成果。

作品成果包括电脑效果图、实物模型图、三维漫游动画、效果图展板、全套施工图等。

2. PPT 制作的表现形式

（1）封面。

① 版面表达。

封面是 PPT 展示的第一印象，也是毕业设计选题后项目名称的呈现。封面的内容要直接明了，图形、图片与文字之间的结合要避免繁杂，主次要分明，色调要和谐，版面均衡，如图 3-40 和图 3-41 所示。

图 3-40　封面设计 1

图 3-41　封面设计 2

② 语言表达。

封面的语言表达是毕业设计作品呈现和答辩的开端，流畅、简洁而又准确的语言表达能吸引听者的注意。因此，封面的语言表达尤为重要。首先，要进行自我介绍（名字、专业、班级），然后陈述毕业设计的项目名称，最后引入目录页面。

（2）目录。

① 版面表达。

目录是 PPT 内容与思想表达的指引，能让观者清晰地了解毕业设计过程中的主要内容和成果。因此，目录的制作要条理清晰、层层递进，版面文字、图形与图片的结合避免烦琐错乱，要有一定的对比关系，突出需要重点表达的文字。同时，表达要简洁、准确。目录页如图 3-42 和图 3-43 所示。

图 3-42　目录页 1　　　　　　　　　　　图 3-43　目录页 2

② 语言表达。

目录的语言表达具有概括性，可使用"从……进行阐述""对……进行展示汇报"等语句。

（3）设计内容。

① 版面表达。

设计内容可以根据实际内容进行分点、分版式表达，避免堆砌在同一版面。版面内容编排要清晰易懂，图形、图片和文字要和谐统一。文字表述切勿长篇大论，要简单、易读。版面示例如图 3-44 和图 3-45 所示。

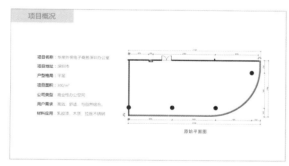

图 3-44　办公空间设计项目设计内容部分版面

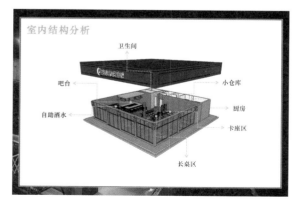

图 3-45　音乐餐吧空间设计项目设计内容部分版面

② 语言表达。

设计内容的语言表达要循序渐进，具有承上启下的作用。表达要清晰，思路要明确，语言表述要简洁，突出重点。关键点部分可以详细讲解，语速切勿过慢或过快，要清晰流畅。

（4）作品成果。

① 版面表达。

作品成果主要以图片或动画视频进行展示。电脑效果图要按照空间的主次序列进行展示。重要空间的电脑效果图可以适当放大，次要空间的电脑效果图可以适当缩小。图片的排版要整齐，电脑效果图要使用文字加以注释。如有动画视频等影像作品，可以制作成链接，点击按钮即可播放。效果图版面示例如图 3-46 和图 3-47 所示。

② 语言表达。

展示作品成果时，避免静止欣赏图片，要配合语言讲解电脑效果图的设计亮点和设计创意。尽量用简短的词汇或语句表达主要特色，突出中心思想。

图 3-46　音乐餐吧空间设计项目部分效果图版面

图 3-47　私房菜馆空间设计项目部分效果图版面

3. PPT 制作表达的要求

PPT 演示文档要求内容精当，演播方式和版面编排新颖独特、赏心悦目、易于理解，思路清晰，集实用性、真实性与观赏性于一体。

三、学习任务小结

通过本次任务的学习，同学们已经初步了解了毕业设计 PPT 制作表达的方法，也理解了 PPT 制作的表现形式和要求。通过对一些毕业设计案例 PPT 的分析与讲解，同学们也充分认识到 PPT 制作表达的重要性和必要性，不仅收获了知识，同时也开拓了设计视野，提升了对 PPT 制作表达作品的深层次认识。

四、课后作业

自选一套小面积的商业空间方案进行 PPT 制作表达，版面编排表达要清晰易懂，版面实用美观。

学习任务 七

毕业设计展板的设计方法与要求

教学目标

（1）专业能力：能认识毕业设计展板的构成要素以及排版方法；能制作室内设计专业的毕业设计展板。

（2）社会能力：关注国内外精美的展板设计方案，收集室内设计专业毕业设计的展板作品。

（3）方法能力：信息和资料收集能力、色彩搭配能力、设计案例分析、提炼及应用能力。

学习目标

（1）知识目标：掌握毕业设计展板设计与制作的方法。

（2）技能目标：能熟练地设计和制作毕业设计展板，并打印展览。

（3）素质目标：能够掌握页面的基本布局方法，培养学生的综合审美能力和综合职业能力。

教学建议

1. 教师活动

（1）在课堂上教师播放和讲解整理的毕业设计展板案例，启发和引导学生理解毕业设计展板的类别和构成要素。

（2）教师指导学生进行毕业设计展板的设计与制作实训。

2. 学生活动

（1）学生聆听教师对毕业设计展板案例的分析与讲解，并对毕业设计的展板设计要点进行总结与归纳。

（2）在教师的指导下进行毕业设计展板的设计与制作实训。

一、学习问题导入

今天我们一起来学习如何设计与制作毕业设计展板。图 3-48 是一个休闲咖啡厅设计的展板。大家想一想展板是由哪几个要素组成的。展板包含了文字、图片和图形三大要素。展板所展示的内容是毕业设计方案的重要部分，例如选题背景、元素设计、设计说明、平面布置图、功能分区图、效果图、立面图等。每个人的设计方案侧重点不同，所以展示的重点也有所不同。在将内容进行排列时，也应该顺着设计方案的逻辑进行布局。大家思考一下如何将三大元素和内容排列组合成精美的展板。

图 3-48　咖啡休闲空间设计的展板

二、学习任务讲解

1. 版面内容

（1）前期分析。

前期分析包括设计背景、区位、历史文脉、现状、道路交通、功能、气候、行为活动、环境、视线分析等内容的分析与阐释。但也并非全部需要分析，按照设计逻辑组织将重要的内容进行排版即可。

（2）设计思路。

包括设计定位、设计概念、概念生成、元素提取等。

（3）图纸。

包括平面图、剖面图、立面图、透视图、鸟瞰图、爆炸图、节点图、效果图等。

2. 展板设计的方法

毕业设计的展板是以图片、图形为主的版面形式，由于图片本身的色彩关系很复杂，为突出图片的观赏性，版面色彩要单一，文字设计要紧凑、简练，可根据平面构成中点、线、面的设计原理进行整个版面的设计和布局。展览版面设计最关键的是总版式和分版式的设计，尽量让版式具有创意和个性。

展览版面的类别，可概括为三大类，即规则类、不规则类和混合类。

（1）规则类展览版面。

规则类展览版面是指有规律可循的，极易得到整齐划一效果的版面。规则类展览版面包括边条式、网格式、交错式、并列式、等分式等。

边条式展览版面是将底板的色带置于版面的一侧，并通过文字、图片的适当排列而达到均衡的一种版式。该版式规整度高，使版面看起来非常舒适，如图 3-49 所示。

网格式展览版面是一种画报编排的构图方式，它以简洁、单纯的秩序感和规范性，顺应了现代人的审美品位。其构图形式可根据展示需要分别选用田字格式、九宫格式、十二等分等，如图 3-50 所示。

交错式展览版面就是把相连两张图片刻意错开，或者把图片与文字的位置互换，这样的搭配避免了图片完全对齐的单调，由于有一定的规律，形成了规则且舒服的视觉感受，如图 3-51 所示。

并列式展览版面是指图片和文字在水平或者垂直线上进行对齐排列。并列式展览版面将版面上的文字和图片划分为相同的分量，使用对齐并列的方式，使文字与图片在水平线上或是垂直线上呈现并列的效果，如图 3-52 所示。

等分式展览版面就是把版面划分成几等份，以每条辅助线或者各个区域为标准，将要素分类，要突出的重点摆放好，然后再使整体均衡的一种排版方式，如图 3-53 所示。

标题定位展览版面即利用标题将画面进行分割，通常可以在标题处加上色块当背景，使视线集中在标题的色块上，更好地对内容进行定位，如图 3-54 所示。

（2）不规则类展览版面。

不规则类展览版面是指没有严谨的规则，而是自由随意构成的版面，显得十分活泼自然。例如散点式、分组式、蒙太奇式等。

散点式展览版面编排的优点在于可以将多种图形和字体进行有节奏感和韵律感的设计组合，且组合形式较为自由、活泼，但也容易出现凌乱的情况，如图 3-55 所示。

分组式展览版面即根据不同的内容，分别将相关的文字、图片归类成数组的布局方式。其特点是版面层次分明，使展示的内容一目了然，如图 3-56 所示。

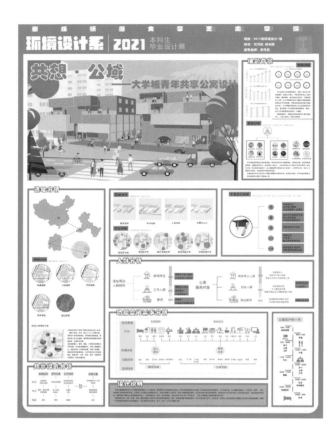

图 3-49　边条式展览版面

图 3-50　网格式展览版面

图 3-51　交错式展览版面

图 3-52　并列式展览版面

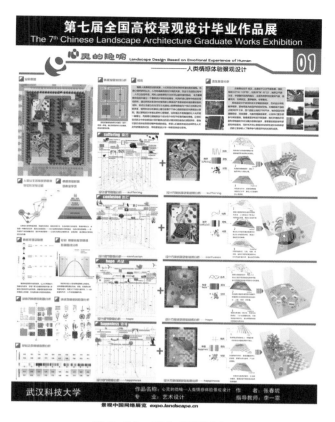

图 3-53 等分式展览版面

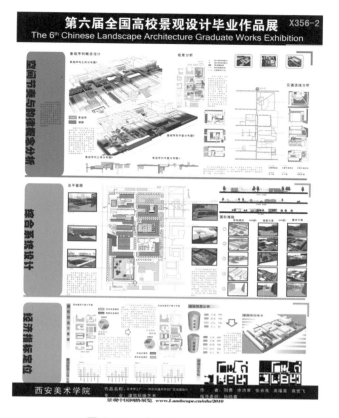

图 3-54 标题定位展览版面

图 3-55 散点式展览版面

图 3-56 分组式展览版面

蒙太奇式展览版面是拼贴的一个分支类型。通过把素材按照需要表达的观点和逻辑进行并列或叠加而形成的一个统一的具有构成效果的版式。这种版式可以利用蒙太奇的策略，如特写、双线叙事、相互作用等。蒙太奇法并不是按照时间顺序排列的，也不连续，单独的图片说明不了任何问题，但聚集在一起就构成了一个叙事整体，可以产生明确的效果，不仅制造了氛围，更给观者以心理暗示与想象的空间，如图 3-57 所示。

（3）混合类展览版面。

混合类展览版面是指将以上两类版面进行拼接组合，以取得丰富而有变化的效果的展板设计形式，如图 3-58 和图 3-59 所示。

3. 排版

（1）图片。

版式设计的原则就是内容清晰、有条理、主次分明，具有一定逻辑性，让观者在享受美感的同时，接受作者想要传达的信息。在对毕业设计展板进行设计的时候，不能将图片一味地进行堆砌，要依照图纸的重要程度进行排序。重点要表达的部分如电脑效果图、总平面图、鸟瞰图等要占据较大版面，其他次要的图纸可酌情减少版面占比率。图片在运用时需要强调和突出色调的倾向，或以色相为主，或以明度为主，抓住某一重点，使其成为主色调，如图 3-60 所示。

图 3-57　蒙太奇式展览版面

图 3-58　混合类展览版面1

图 3-59　混合类展览版面 2

图 3-60　主次分明的展板设计

（2）文字。

文字是版式设计中重要的创意元素，文字的编排和创意设计直接影响整个版面的视觉效果。如果文字的编排设计恰到好处，会极大提高版面的构成感。在版式设计中需要注意的是字体的样式选择不宜过多，否则容易给人一种杂乱无序的感觉。还要注意不同字体间的协调关系，这样可以让展板更加易读，如图3-61 所示。

（3）色彩。

展览版面色彩基调的和谐统一也是展板设计的重要内容。由于展板中展示的图片较多，图片的色彩相应就较多，所以在毕业设计展板排版时，首先应确立版面的主色调，使画面更具整体感。主色调常选择与电脑效果图相近的颜色，且在画面上占较大面积，如图 3-62 所示。

除了主调的选择，配色的运用也非常重要。配色重点是色彩的组合关系，如色相组合、明暗组合等。色相组合包括冷暖色组合、协调色组合等；明度组合包括浅色、中灰色、深灰色的组合。从色彩的情感角度出发，还可以采用华丽色调、古朴色调、轻快色调等，如图 3-63 和图 3-64 所示。

图 3-61　文字设计

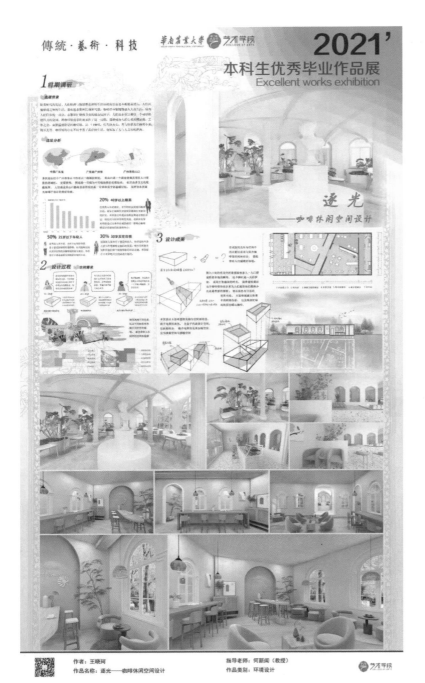

图 3-62　主色调的运用

图 3-63　红色主调版面设计

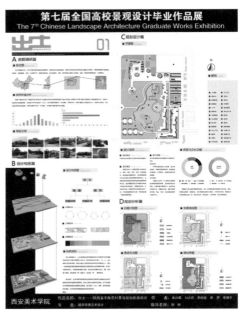

图 3-64　灰色主调版面设计

在设计时，主色调可作为色块平铺，色块与图片组合排版可以使展板整体看上去更加规整和协调。需要注意的是色块的颜色不能过多，否则会显得杂乱无章，如图 3-65 所示。

4. 案例实训

（1）版面布局。

在进行毕业设计方案版面布局设计时，首先可以将内容按照设计逻辑进行排列，按照顺序依次为前期调研（项目分析）、设计思路、设计说明、平面图、设计亮点、设计色彩、设计材料、电脑效果图、施工图等。内容排列好之后，大致区分每个内容所占展板的比例，在毕业设计方案中，占比最大的是电脑效果图，其次是设计思路和平面图，最后是重要立面的施工图。由于整个版面内容较多，为了让读者有一个更加清晰的定位，可以选择规则类展览版面中的边条式进行布局，边条式是将底版的色带置于版面的一侧，并通过文字、图片的适当排列而达到均衡的一种版式，运用这种布局方式，可以使版式的规整度提高，版面看起来更加舒适。

（2）版面颜色。

在这个毕业设计方案中，电脑效果图的占比是最大的，因此，可以根据电脑效果图中的色彩基调来定义展板的主色调。如图3-66所示，电脑效果图的色彩以暖橘色为基调，展板的色彩可以选用橘色的同色系红色、黄色等进行搭配，也可以使用橘色的补色蓝色进行搭配。图片在运用时需要强调和突出色调的倾向。这里我们选择以色相为主，用暖橘色搭配蓝色作为主色调，使整个展板的视觉冲击力更强。

主色调定好后，可以利用橘色和蓝色的色彩对比效果让整个版面的色彩更加醒目，如图3-67所示。

（3）文字。

本次毕业设计方案的文字根据内容可以分为三类，即作品名称、标题文字、设计说明。作品名称和标题文字是设计方案中最重要的部分，字体应偏大且颜色突出。设计说明应使用简洁的语言概括，文字较小，字体样式要统一。

（4）图片的选择。

图 3-65　图片与色块组合

在选择毕业设计展板图片时，应将具有设计亮点的电脑效果图放在最突出的位置，通常可以在展板的最上方，且占总面积的20%～30%。其余空间的电脑效果图占较小面积，且可以多图堆砌。

确定好效果图的布局后，将其他的内容按照设计逻辑进行排列，图片的占比应与内容的重要性一致，例如在局部分析中，涉及多个空间的局部，可以使用并列的方式，将多张图片整理成一行或一列，划分成独立区域，如图3-68所示。

最后将所有的图片和文字进行调整，使设计展板既具有冲击力，又能协调一致，充分将设计方案的亮点和特色体现出来，如图3-69所示。

图 3-66　电脑效果图

图 3-67　色彩对比的版面效果

局部分析 LOCAL ANALYSIS

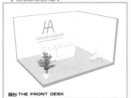

图 3-68　图片并列

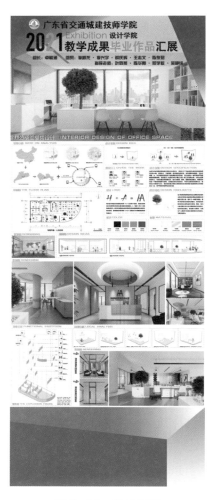

图 3-69　设计展板

三、学习任务小结

通过本次任务的学习，同学们已经初步了解毕业设计展板设计的基本要素及布局技巧，对毕业设计的展板设计与制作有了一定的认识。同学们课后还要多收集毕业设计展板样式，并结合自己的毕业设计作品进行排版实训。

四、课后作业

制作一套完整的毕业设计展板。

项目四
毕业答辩技巧与成果评价

毕业答辩准备工作

教学目标

（1）专业能力：讲授如何做好毕业答辩的准备工作，让学生对毕业答辩准备工作有一定的了解；能通过毕业答辩工作的准备，让学生顺利完成答辩。

（2）社会能力：能根据室内设计师的要求，充分展现专业素质、应变能力以及心理承受能力。

（3）方法能力：在生活和学习中注重培养学生的综合能力，提升学生表达能力、资料整理和自主学习能力，以及面对客户时的随机应变能力。

学习目标

（1）知识目标：能够掌握毕业答辩准备工作中的毕业设计熟悉、资料整理、仪表整理、心态调整等能力。

（2）技能目标：能够掌握毕业答辩准备工作中的各项能力，并能顺利完成答辩。

（3）素质目标：能够掌握毕业答辩准备工作的情绪控制能力，培养面对客户时的自信心及心理承受能力。

教学建议

1. 教师活动

在课堂上教师通过讲授、图片展示结合分析与讲解，并通过对室内设计毕业答辩案例的讲解，启发和引导学生对答辩准备工作进行归纳和总结，同时，让学生能够对毕业答辩资料进行归纳和整理。

2. 学生活动

（1）学生在课堂通过老师的讲解，自行分组对室内设计毕业答辩的准备工作进行分析和讲解，提升表达能力、资料整理和自主学习能力。

（2）结合课堂学习进行答辩的模拟演练，为顺利完成答辩打下坚实的基础。

一、学习问题导入

答辩是学校对毕业设计进行考核、验收的一种形式。我们要明确目的、端正态度、树立信心,顺利通过毕业设计答辩。本次任务我们一起来学习毕业答辩的准备工作,如要对自己的毕业设计内容进行总结归纳,对设计作品创作核心思想及亮点进行提炼,整理创作过程,调整好心态应对答辩。

二、学习任务讲解

1. 熟悉毕业设计内容

要熟悉毕业设计内容,尤其是要记住作品的实施动机和实施过程,明确毕业设计的基本观点和基本依据;弄懂、弄通毕业设计中所使用的主要概念的确切含义,所运用的基本原理的主要内容;仔细审查、反复推敲毕业设计中有无自相矛盾、谬误、片面或模糊不清的地方,有无与国家的政策方针相冲突之处等。如发现有上述问题,就要做好相应的修改。只有认真准备,反复检查,在答辩过程中,才可以做到心中有数、临阵不慌、沉着应战。

(1)毕业设计简介。

毕业设计简介主要内容包括设计的题目、指导教师姓名、选择该题目的动机、设计的主要思想、根据和创作体会以及本选题的理论意义和实践意义。

(2)毕业设计相关知识材料的了解和掌握。

要了解和掌握与自己所设计作品相关联的知识及材料。如研究的论题在现有的设计领域达到了什么程度,存在哪些争议,有几种代表性观点,各有哪些代表性设计,自己倾向哪种观点及理由,重要引文的出处和版本,论证材料的来源渠道,等等。这些知识和材料都要在答辩前熟练掌握。

(3)设计作品局限性。

毕业设计还有哪些应该涉及或解决但因力所不及而未能解决的问题,还有哪些内容在设计中未涉及或涉及很少,而创作过程中确已接触到了并有一定的见解,因与设计表达的中心思想关联不大而没有介入的问题,等等。

(4)毕业设计创新点及借鉴的成果。

对于优秀毕业设计的作者来说,还要弄清楚哪些观点是继承或借鉴了他人的研究成果,哪些是自己的创新观点,这些新观点、新见解是怎么形成的,等等。

针对上述问题,毕业生在答辩前要做好准备,经过思考、整理,写成提纲,记在脑中,这样在答辩时就可以做到心中有数,从容作答。

2. 答辩会所需物品

(1)答辩 PPT:研究课题的背景及意义,课题现状及发展,研究思路及过程,实验数据结果,创新点,解决方案及总结。

(2)答辩报告书。

(3)主要参考资料。

(4)记录用稿纸,以便把答辩老师所提出的问题和有价值的意见、见解记录下来。通过记录,不仅可以缓解紧张心理,而且可以理解老师所提出问题,同时还可以边记边思考,使思考的过程更顺畅然。

(5)答辩时为了更好地说明自己的毕业设计内容,可以呈现设计图纸、模型等,现场边演示边讲解的效果最好。其他资料如视频、模型、动画都是很好的辅助答辩材料。这些辅助手段不仅可以提升讲解效果,还可以活跃答辩气氛，从而给老师留下良好的印象。

3. 心态的调整

完成毕业答辩可以为自己的在校学习生涯画一个圆满的句号，同时可以在就业时具备优势，所以应该重视准备工作。但答辩毕竟只是毕业设计的一个组成部分，只有平时认真完成了毕业设计的各项任务，答辩才能顺利完成。答辩考察学生的临场发挥能力、语言表达能力、思维活跃能力，学生自述与回答问题时，应该沉着镇静、口齿清楚、论述充分有据、思维清晰、符合逻辑，对答辩教师的提问，仔细倾听、抓住中心、快速思考、正确作答。在对待答辩的态度上，自负与自卑都不可取。以轻视马虎的态度面对答辩，放松精神、漫不经心、精力分散，势必在答辩中难以集中精神，自述丢三落四，回答问题张冠李戴，精神状态懒散。而自卑的心理会使答辩大失水准，由于胆怯而不能正常表达自己的想法，说话颠三倒四，思维停滞，态度唯唯诺诺，无法体现真实的能力和水平。树立自信心，适当放松心情，不要给自己过大的压力，积极热情，泰然处之，以平常心对待，必能取得优异成绩。

4. 仪表着装

一个好的仪态能给人留下良好的印象，所以毕业生应该注意毕业答辩时的着装。着装应正式而不失活泼，严谨而不拘于死板。具体可根据情况而定，衣着整洁、庄重，男生建议穿西装、衬衣，可打领带。女生尽量选择简单大方的服装，可以适当画淡妆，以示对评委的尊敬，切勿浓妆艳抹给评委留下不好的印象。

5. 答辩排练

在正式答辩前，实际排练一下还是非常必要的。演讲者和听众有很大区别，通过排练，可以发现你意想不到的问题，比如自述的时间是否合适，发言时自己是否紧张等。排练越接近于实际情况越好，学生可分组进行答辩现场模拟演练，分别扮演评委针对毕业设计进行提问，同时用闹钟精确控制发言时间。

三、学习任务小结

通过本次任务的学习，同学们已经初步了解了毕业答辩准备工作的知识，对接下来进入正式答辩有了充足的准备。同学们课后还要选择相关的书籍阅读，拓展理论知识，并结合实际案例对毕业答辩准备工作进行总结概括，全面提升自己的综合能力。

四、课后作业

（1）对毕业答辩进行 PPT 制作。

（2）课后自行分组进行最少 10 次答辩的模拟练习并做文字总结。

学习任务 二

毕业答辩的技巧

教学目标

（1）专业能力：对毕业答辩的过程与答辩技巧有一定的了解和认识，并能结合不同的毕业设计进行灵活答辩。

（2）社会能力：能根据毕业设计的要求，构思对应的毕业设计答辩思路，进行合适自我的答辩风格。

（3）方法能力：在生活和学习中观察不同类型的毕业答辩风格，提升整理资料、收集和自主学习能力，以及临场应变能力和创造性思维能力。

学习目标

（1）知识目标：掌握毕业答辩过程的答辩技巧，从所学专业出发，独立自主地完成毕业设计答辩科目。

（2）技能目标：能够掌握毕业答辩的专业知识，提高学习和研究的兴趣，提高实际设计技能，能对设计高度负责，努力完成答辩。

（3）素质目标：培养认真负责的工作精神和严谨务实的科学态度，熟悉相关的行业规范，具备发现问题、分析问题及解决问题的能力，并具备一定的创新意识及创新能力。

教学建议

1. 教师活动

（1）在课堂上教师通过展示各类型答辩视频案例，并通过不同类别毕业答辩风格的分析与讲解，启发和引导学生根据选题、语言习惯、毕业答辩风格制定答辩计划，让学生能够对资料进行归纳和整理。

（2）将思政教育融入课堂教学，引导学生文化自信，并将传统文化应用到答辩中。

2. 学生活动

（1）学生在课堂通过老师的讲解，了解毕业设计答辩的各个环节的注意事项等，分组对优秀的毕业答辩案例进行分析和讨论，训练语言表达能力和提高分析思维能力。

（2）结合课堂学习选择书籍阅读并观看相关视频，拓展毕业答辩技巧，提高对毕业设计答辩环节的处理能力和应变方法，为今后的工作奠定扎实的基础。

一、学习问题导入

今天我们一起来学习毕业答辩的技巧。毕业答辩中，每位同学都要根据毕业设计项目内容等，找到适合自己的毕业答辩风格，掌握答辩的各环节，运用一定的技巧完成答辩。

二、学习任务讲解

1. 毕业答辩的一般流程

（1）成立答辩委员会，选出答辩组长，负责答辩的全面工作，成员由专业教师和校内、外专家组成，多为 3～5 人的答辩小组。

（2）答辩委员会应在答辩前一周公布答辩时间、地点、答辩学生分组名单。

（3）答辩前学生要将自己的毕业设计在指定的时间交给指导老师，由指导教师审阅，写出评语并给出成绩，再交答辩小组评阅。

（4）答辩时先由学生对其毕业设计利用 PPT 进行简要介绍，时间控制在 10～20 分钟；简述完成后，答辩小组成员向其提问，提问时间控制在 10～15 分钟。

（5）答辩小组的评阅由指定教师进行，评阅教师在审阅学生毕业的基础上，结合答辩质量和指导教师评语，写成书面意见，给出成绩。答辩小组综合指导教师和评阅教师所给的成绩，给出每份毕业设计的成绩。

2. 毕业答辩的方法与技巧

（1）开场白。

答辩者先作自我介绍，告知答辩评委自己所在院系、专业、班级、姓名、题目、指导老师等信息。再介绍一下的概要，切记"自述"而不是"自读"。不能照本宣读，将报告变成了"读书"。该部分的内容可包括选题动机、缘由、研究方向、选题比较、研究范围、最新研究成果、新见解、新理解或新突破等内容。讲述时做到言简意赅，突出重点，把自己的最大收获、最深体会、最精华与最富特色的部分表述出来。忌主题不明，内容空泛，没有重点。答辩前把针对概要问题仔细想一想，整理出来，写成发言提纲，在答辩时用。这样才能做到有备无患，临阵不慌。答辩自述内容概要见表 4-1。

表 4-1　答辩自述内容概要

序号	内容
1	自己为什么选择这个课题？
2	研究这个课题的意义和目的是什么？
3	该选题目前国内外研究情况如何？
4	毕业设计的基本框架、基本结构是如何安排的？
5	毕业设计的各部分之间逻辑关系如何？
6	在研究本课题的过程中，发现了哪些不同见解？对这些不同的意见，自己是怎样逐步认识的？又是如何处理的？
7	有哪些研究成果或创新观点？
8	设计时立项的主要依据是什么？
9	虽未触及，但与其较密切相关的问题还有哪些？
10	还有哪些问题自己还没有弄清楚，在设计中表达得不够透彻？

（2）汇报课件要图表并茂。

图表不仅是一种直观的表达观点的方法，更是一种调节答辩气氛的手段，特别是对答辩委员会老师来讲，长时间地听学生讲述，难免会有疲惫感，也会影响答辩者论述的内容接纳吸收，这样必然对学生毕业答辩成绩有影响。所以，学生应该在答辩过程中适当穿插图表或其他媒介以提高答辩成绩。

（3）汇报时要语言流利速度适中、注意目光交流。

在进行毕业答辩时，许多同学由于第一次参加过度紧张，说话速度往往越来越快，以致评委听不清楚陈述内容，影响答辩成绩。因此一定要注意在答辩的语流速度，要有急有缓，有轻有重。答辩时，学生应注意自己的目光，使目光自信地投向答辩委员会成员及会场上的同学们。在毕业设计答辩会上，由于听的时间过长，评委们难免会有分神现象，这时，学生的目光投射会很礼貌地将听众的注意力集中到自己身上，使评委的思路跟着自己走，有助于提升答辩效果。

（4）注意体态语辅助及语态中人称使用。

适当的体态语运用有助于提升答辩效果，特别是手势语言的恰当运用会使答辩者显得自信、有力、不容辩驳。相反，如果学生在答辩过程中始终直挺挺地站着，或者始终如一地低头俯视，即使答辩的结构再合理，主题再新颖，结论再正确，答辩效果也会大受影响。所以在毕业答辩时，一定要注意使用体态语。在答辩过程中涉及人称使用问题，尽量多地使用第一人称，如"我""我们"，这样能跟听者拉近距离，让听者有共鸣感、参与感。

（5）汇报紧扣主题、不要超时。

毕业答辩时应围绕主题进行，紧扣题目，不做过多与答辩无关的阐述，否则容易引起答辩委员们反感。开门见山，自始至终地以设计题目为中心展开论述就会使评委思维明晰，对毕业设计给予肯定。答辩一般都对时间有要求，学生在进行答辩时应重视把控时间。对答辩时间的控制要有力度，到时间应立即结束。这样会显得答辩者准备充分，对内容的掌握和控制较好，给答辩委员会委员一个良好的印象。

（6）熟知、从容答辩。

在答辩时，学生要注意仪态与风度，这是进入人们感受渠道的第一信号。如果答辩者能在最初的两分钟内以良好的仪态和风度体现出良好的形象，就有了一个良好的开端。学生应做到沉着冷静，边听边记；精神集中，认真思考；既要自信，又要虚心；实事求是，绝不勉强；听准听清，听懂听明。在回答问题时，要理解每个问题所要答的"中心""症结""关键"在哪里，从哪一个角度去回答问题最好，应举什么例子来证明观点。这就要求做到论点、论据应立得住脚，开头主体与结尾要对应，内容条理清晰有层次，应用词恰当，语言流畅。回答时应口齿清楚、语速适中，开门见山地表述观点。把所要回答的内容逐条归纳分析，由此及彼，由表及里地阐述。答辩同学，须对自己所做的毕业设计内容有深刻的理解和全面的熟悉，对毕业设计有纵向及横向的把握。

三、学习任务小结

通过本次任务的学习，同学们已经初步了解了毕业答辩这部分环节的知识，对毕业答辩技巧有一定的认识。同学们课后还要通过查阅网上资料、阅读书籍等方式，拓展答辩知识，并结合案例做好毕业答辩准备。

四、课后作业

（1）根据各自毕业设计制作毕业答辩 PPT。

（2）分析和整理答辩中导师可能提问的 10 个问题，并作答。

学习任务 三　毕业设计的成果评价标准

教学目标

（1）专业能力：了解毕业设计成果评价的标准要求。

（2）社会能力：培养学生树立对事物秉承良好的标准意识，以便在实践应用中能更好地按高标准去努力。

（3）方法能力：提升实践应用和自我评价的能力。

学习目标

（1）知识目标：熟知毕业设计成果评价的依据和标准。

（2）技能目标：能根据毕业设计成果评价标准去更好地完成毕业设计，精益求精。

（3）素质目标：提高自我评价意识，培养自己的综合职业能力以及自信心。

教学建议

1. 教师活动

（1）教师课前准备并收集相关案例，课堂运用多媒体课件放映教学内容，同时采用理论讲授与图片展示相结合的教学方法讲解知识点。

（2）教师通过对优秀的毕业设计成果案例进行深入剖析，使学生在完成毕业设计作品过程中能按照标准来自我评价、自我完善作品，激发学生的自信心。

2. 学生活动

学生在老师讲解过程中学会归纳重点，去思考问题，结合知识点应用于实际毕业设计中，根据评价标准不断完善自己的毕业设计作品。

一、学习问题导入

今天我们一起来学习毕业设计成果评价的标准。毕业设计评价标准是衡量毕业设计优秀与否的核心环节，也是对毕业生几年来所学知识的掌握程度的考验。因此，我们要根据毕业设计的成果评价标准去开展和完成毕业设计作品。

二、学习任务讲解

1. 毕业设计成果评价的依据

毕业设计成果评价应以学生平时学习态度、设计质量、设计作品水平、独立工作能力、答辩情况、毕业实习情况及期中检查情况等为依据，要排除各种感情因素和干扰，更不应凭学生以往的学习好坏、指导教师的印象，来决定学生的成绩。

毕业设计成绩一般分为优秀、良好、中等、及格和不及格五个等级。若按百分制标准进行折算：90分以上为优秀；80～89分为良好；70～79分为中等；60～69分为及格；60分以下为不及格。

毕业设计成果评定必须坚持标准，从严要求。优秀成绩的比例一般掌握在15%左右，不超过20%，中等及其以下成绩的比例一般不得低于25%，对工作态度差或未完成规定任务的学生不得降低评分标准。

2. 毕业设计成果的评价标准

学生毕业设计成绩最后由院（系）审定。毕业设计成果根据评价的依据条件可按下列标准进行评价。

（1）优秀。

① 工作努力，遵守纪律，表现好。

② 能按时优异地完成任务。

③ 设计作品质量高，图纸完整，构思新颖，图面表现效果好。

④ 设计文件完整，内容正确，概念清楚，条理分明，书写工整。

⑤ 独立工作能力强。

⑥ 答辩时概念清晰，对主要问答回答正确、深入。

（2）良好。

① 工作努力，遵守纪律，表现较好。

② 能按时完成任务。

③ 设计作品质量较高，图纸符合要求，图面表现效果较好。

④ 设计文件内容正确，概念基本清楚，条理基本分明，书写工整。

⑤ 有一定的独立工作能力。

⑥ 答辩时概念较清晰，回答问题基本正确。

（3）中等。

① 工作努力，遵守纪律，表现一般。

② 能基本完成任务。

③ 设计作品质量一般，图纸符合基本要求，图面表现效果一般。

④ 设计文件内容基本正确，无原则性错误，概念较清楚，书写较工整。

⑤ 独立工作能力有待提高。

⑥ 答辩时回答问题基本正确。

（4）及格。

① 工作态度和表现均为一般。

② 能勉强完成任务、基本达到教学要求。

③设计作品质量存在个别原则性错误，设计图纸基本符合要求。

④ 设计文件不够完整，内容基本正确，基本符合要求。

⑤ 分析和解决问题能力较差。

⑥ 答辩时表达不清楚，回答问题有不确切之处或存在若干错误。

（5）不及格。

① 工作不努力，有违纪行为，表现差。

② 未能完成规定的任务。

③ 设计作品质量差，设计图纸不完整。

④ 设计文件不齐全，概念不清楚，书写潦草。

⑤ 独立工作能力差。

⑥ 答辩时回答问题错误多，对原则性问题经启发后仍不能正确回答。

设计作品质量一般由设计内容和设计表现两部分体现，其中设计内容应该作为评价的主要部分，起主导作用。而设计表现是次要的，处于从属地位。一个好的设计不但要求设计内容构思新颖，功能合理，经济美观，具有"实战"观念，还要有完整的设计表现。

为了使毕业设计更进一步规范化，根据不同要求和内容，应统一制作毕业设计用的各种表格和评价标准。毕业设计成绩评定表格示例，如表 4-2 所示。

表 4-2　毕业设计成绩评定表格示例

评价项目	评价内容
毕业实习（10%）	按毕业实习大纲的要求完成全部实习内容；毕业实习报告符合毕业实习大纲的具体要求，格式正确，书写工整。对实际生产中存在的问题应进行正确分析，并提出改进意见
	对于提交"文献综述"的学生，严格按毕业设计任务书要求审核，收集国内外该研究领域的相关资料，归纳总结有关科研成果，提出自己的见解，最后将得分乘以系数得出最终成绩
期中检查（10%）	根据对毕业生毕业设计工作规定的具体要求，按毕业设计任务书要求，检查学生是否完成要求内容的 50% 以上，并抽查毕业实习报告或文献综述

指导教师（20）%		根据学校和院系毕业设计的有关规定和日程安排，学生应圆满完成各阶段的任务。指导教师根据学生完成毕业设计的工作情况、毕业设计整体水平、独立工作能力和毕业设计在某些方面是否有独特见解等，按毕业设计的要求写出评语并给出成绩
评阅人（10%）		评阅人应由系答辩小组组长指定。评阅人根据毕业设计选题的科学性、难度、规模、设计说明的编写、立论依据、设计分析、设计图纸、结论的先进性、设计的新颖性、综合运用所学理论和专业知识的能力以及毕业设计整体水平、独立工作能力和毕业设计在某些方面是否有独特见解等，按毕业设计的要求写出评语并给出成绩
毕业答辩（50%）	设计说明、文案质量（30%）	答辩小组成员根据毕业设计选题和意义、设计说明、文案的编写、立论依据、设计分析、设计图纸、结论的先进性、设计的新颖性、综合运用所学理论和专业知识的能力以及毕业设计整体水平、独立工作能力和毕业设计在某些方面是否有独特见解等，按毕业设计的要求写出评语并给出成绩
	答辩（20%）	毕业答辩时，毕业设计的介绍应思路清晰，重点突出，论点正确，并在规定的时间内完成毕业设计的介绍；回答问题时，简明扼要，有理有据，概念清楚，对主要问题的回答正确、深入。答辩小组成员根据毕业设计的有关规定给出成绩。
平均成绩		上述各项成绩累加，由系答辩小组给出平均成绩
备注		毕业设计成绩评定表中的每一项成绩，必须由成绩评定人或答辩小组负责人签字，否则该项成绩无效。 各班按照学校毕业成绩的分布要求进行，如有争议上报院毕业设计领导小组。 校优秀毕业设计从毕业成绩 90 ~ 100 分的学生中选拔 被评出的校优秀毕业设计的学生要参加第二次答辩

3. 毕业设计对指导老师的要求

（1）指导老师应思想作风正派，有较高的业务水平和实践经验。一般应由讲师职称以上（含讲师及有经验的工程师）教师担任。根据需要也可安排辅导教师，或聘请有经验的建设、科研单位的工程师、设计人员参加指导。对在实际工程设计单位做毕业设计，以该单位设计人员指导为主的课题，仍应配备本系指导老师，负责联系和指导学生，掌握教学要求，了解进度，以保证毕业设计质量。

（2）指导老师名单应由教研室认可。指导老师在编制毕业设计任务书，拟定培养计划时应考虑对学生的培养要求。同一课题的学生，每人必须有独立完成的任务和要求。培养学生树立严谨、勤奋、创新和求实的学风，教育学生增强事业心。

（3）指导老师要保证有足够的时间与学生直接见面，一般一周不宜少于一次，抓好关键环节的指导，既不包办代替，也不放任自流。注意调动学生的积极性、充分发挥其主动性、创造性。

（4）指导老师要指导学生做好选题工作，配合教研组进行中期检查，指导学生撰写毕业设计，根据学生表现及完成成果质量，填写毕业设计评语及成绩。指导老师还应协助做好毕业设计文件归档收尾工作。

4.毕业设计对学生的要求

（1）每位学生应根据指导老师下达的任务书，认真完成毕业设计工作，综合运用所学知识解决实际问题，结合毕业设计获取新知识，提高独立工作能力，在完成学习任务的同时，创造出丰硕的成果。

（2）每位学生必须参加毕业设计的各个训练环节，做好选题工作，完成课题设计任务并有相应的成果，参加答辩，写好毕业设计小结。

三、学习任务小结

通过本次任务的学习，同学们已经了解了毕业设计的成果评价标准，也熟知每项评分的条件依据。通过对优秀的毕业设计成果案例进行深入剖析，同学们也充分认识到毕业设计的成果评价标准的重要性和必要性。课后，同学们要归纳总结所学知识，根据评价标准完成自己的毕业设计。

四、课后作业

对自己的毕业设计作品进行自评。

项目五
毕业设计实例评析

居住空间选题

教学目标

1. 专业能力：培养学生分析客户的需求的能力，并能根据项目周边环境选择合适的设计方案。

2. 社会能力：培养学生的团队合作能力，能用文字和口头表述其设计要点的能力。

3. 方法能力：培养学生信息和资料收集能力，设计案例分析、提炼及应用能力。

学习目标

1. 知识目标：掌握对客户需求以及周边环境的分析手法。

2. 技能目标：能根据环境和客户需求制作合适的设计方案；能运用软件进行设计制作；能准确用设计用语分析设计思路并制作 PPT。

3. 素质目标：能够大胆、清晰地表述自己的设计方案，具备团队协作能力和一定的语言表达能力，培养自己的综合职业能力。

教学建议

1. 教师活动

（1）教师展示前期收集的居住空间案例，提高学生对整套方案的认识。同时，运用评分表格，指导学生对案例评析进行点对点规范评分，理解各个知识技能在整个毕业设计中的评分比。

（2）以小组学习的形式，发放点评任务书，引导学生分组进行点评，并要求学生制作居住空间汇报评分分析 PPT，让学生发扬团队合作的精神，完成测评任务。

2. 学生活动

根据老师发放的案例和任务书进行组内讨论，并且制作居住空间汇报评析 PPT，每组派代表进行讲解，训练学生的语言表达能力和沟通协调能力。

一、学习问题导入

今天我们来学习居住空间毕业设计方案的完整表达。同学们先思考完善的居住空间毕业设计方案应该具备哪些内容。

毕业设计方案应该包括：项目背景、方案的制作（包括区位分析图、平面图、功能分析图、效果图）和图纸排版和方案汇报。

二、学习任务讲解

1. 居住空间项目选题方向评析

（1）作者对选题方向进行阐述。

本方案是广东省江门市礼乐村的自建房设计。客户一家四口都偏好宁静、清雅并略带返璞归真风格的乡村生活。按照男主人要求，希望采用新中式风格并带点创新元素，采光要充足，能与自然结合，最好能体现四季变化。客户特别交代由于应酬较多，要求会客公共区域要大方、儒雅，不失礼节。女主人则希望保留一部分土地用于农耕或是后期自己规划，以及能够学习工作的区域。

（2）评析选题方向。

根据评分表格对选题方向进行评析，见表5-1。

表5-1　选题评分表

项目与分数	评价参考标准	分项目分数	评分
选题 10	符合本专业应用发展方向	5	
	结合项目实际，有一定实用价值	5	

点评：

　　本方案的设计者选择了一个自己比较熟悉的地域空间进行设计，该项目有相对详细的客户需求、地点和气候数据，因此符合本专业的应用发展方向，同时项目能结合实际，具有一定的实用价值，但是项目未能结合企业的实际案例，创意设计成分较高，而具体的落实成分相对减弱。

2. 居住空间项目方案制作阶段

（1）对地理位置分析及布局规划。

根据实地勘察，客户建房的地段是由两间农村自建房夹在中间的一块地，后面有一些农田，远处则是山坡。该地的正前方靠着一条马路，路的对面都是农田。具体分析如下。

① 位置分析，该地块形状细长，横向宽度为16.5m，而纵深长度足有35.6m。按照实际尺寸，为了避免与左右两边房屋过近，里面收缩了1.5m预留了一条通向后面的过道。为了避免与前方马路靠得太近，并且预留下排水渠的位置，前后方则向内收了0.6m，剩下长15m、宽35m的地方用围墙砌起。

② 空间布局通透，前庭预留4m的深度和15m的宽度，左右分主次过道，宽敞的过道在靠墙部分用部分区域做绿化。后庭保留了15m长，6.2m宽的土地，以便女主人后期使用，如图5-1和图5-2所示。

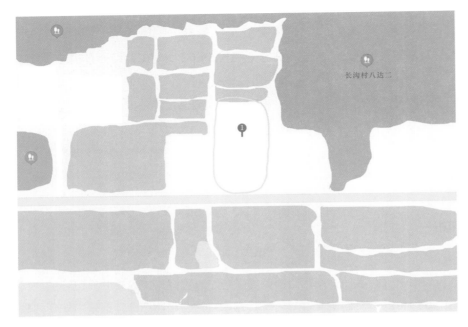

图 5-1　区位图

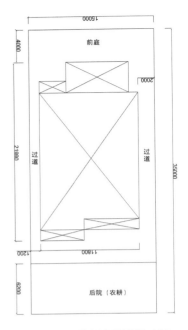

图 5-2　原建筑环境尺寸图

（2）方案的设计与制作。

① 平面布置图。

一层布局主要是功能区域，根据人的日常生活流动的趋势和空间的使用频率进行规划，形成合理舒适的布局。一层由独特的入户空间、休闲的阳光房、宽敞大气的客厅、影院室、书房、卫生间、餐厅以及厨房组成。一层平面图如图 5-3 所示。

二层布局主要是生活起居室，这样的布局起到了动静分割的作用。二层布置了一间主卧、两间次卧、一个客厅。主卧室规划了特别的工作区域以及独立卫生间。二层平面图如图 5-4 所示。

图 5-3　一层平面图

图 5-4　二层平面图

② 空间的装饰设计与效果图表达。

a. 入户门厅空间设计。

入户门厅空间是进入室内空间的起点，也是客人对室内空间的第一印象，进入狭小杂乱的空间与进入宽敞、明亮的空间，人的心境往往是截然不同的。因此，入户门厅空间设计对整个方案起到至关重要的作用。入门正对的隔断墙做了一个镂空的圆洞造型，并且隔断墙做了加厚处理，让空间更加别致且不呆板。后方楼梯区域的隔断则是采用玻璃墙作主体增加采光，也让空间更加通透，其中露天区域种了一棵树，点缀空间，让其更具一种绿意盎然的感觉。地面也做了圆形造型处理，表面铺上石子隐藏地下的泥土，其中的过道也采用了不规则的铺法铺上大块的大理石作地面，如图5-5所示。

图5-5　入户门厅效果图

　　b. 客厅设计。

　　客厅是家居室内空间的公共活动区域，是最能凸显住户的审美品位和装饰风格的空间。本案的客厅设计采用冷色调为主调，选用了灰色亚光地板，搭配水泥灰墙漆，其中电视背景墙部分用了大范围的深色大理石作为背景，表现出大气、庄重的效果。窗户采用大框架，近乎满墙的玻璃窗尽可能扩大了采光，也让空间更加明亮、通透。在软装饰设计方面，选择了一个四件套深色木框架搭配软包布艺的一款新中式沙发，窗帘用了透光加全掩的双层窗帘，窗帘在布料上与沙发统一，形成呼应。客厅选用的摆件和挂画在风格上也较为和谐，起到点缀空间的目的。整个客厅给人简约、舒适的感觉，如图5-6和图5-7所示。

图5-6　一层客厅效果图

图 5-7   二层客厅效果图

c. 主卧室设计。

主卧室采用现代轻奢与新中式相结合的设计风格，以冷色调为主调，整个空间营造出儒雅、宁静的感觉。主卧室空间划分为三个区域，即休息区、工作区和生活区。在休息区的左侧做了一个半开放式的衣柜，让空间得到充分的利用。衣柜内部结构的设计也非常讲究，在挂叠对半的设计下提供给住户更多的收纳选择，如图 5-8 所示。

图 5-8   主卧效果图

d. 餐厅和多功能房空间设计。

餐厅采光充足，推拉门让室内外空间联系更加紧密，让人仿佛置身于大自然中享受美食，木质中式家具呼应了自然主题。多功能空间定位为家庭电影院，满足住户的观影和娱乐需要，如图 5-9 和图 5-10 所示。

图 5-9　餐厅效果图

图 5-10　家庭电影院效果图

e. 户外空间设计。

　　二层独特的开放式阳台设计连接露天小院，水泥、玻璃的材质与木地板相搭配，现代风格与新中式风格的融合产生"静"的感觉。护栏选用防爆玻璃，透明的材质扩大了视野。宽大的过道让空间更加宽敞。地面上的木板与细沙的组合营造出禅意，一套椅子和茶几，可供日常休闲使用，可与好友在此喝喝茶、聊聊天、看看风景，如图 5-11 ～图 5-14 所示。

图 5-11　户外空间效果图 1

图 5-12　户外空间效果图 2

图 5-13　户外空间效果图 3

图 5-14　户外空间效果图 4

（3）评析空间设计与制作。

根据评分表格对空间的设计与制作进行评析，见表 5-2。

表 5-2　空间设计评分表

项目与分数		评价参考标准	分项目分数	评分
工作设计制作能力 30	信息收集及处理能力	能独立收集相关资料，并运用恰当	10	
	设计与制作能力	能理论联系实际，方案体现一定的分析、设计制作能力	10	
	工作能力	具有一定的独立工作能力，具有一定的团队协作能力	10	
成果与水平 30	设计说明	设计说明清晰，用语规范，分析恰当	10	
	平面图制作	图纸制作准确、规范、美观	10	
	效果图制作	图纸制作准确、规范、美观	10	

点评：

　　该方案设计者能独立收集相关资料，清晰地分析了新中式空间以及与自然互动的设计风格，设计程序和步骤有一定的条理性，能够独立完成设计任务，同时具有一定的团队协作能力。设计说明逻辑清晰，用语比较规范，能够进行准确的设计表达。在平面图和效果图制作方面能熟练运用软件，达到比较完整的设计效果，设计亮点比较突出。但针对功能性细节的设计没有具体分析出来，因此该方案的实用性有待提高。

3. 居住空间图纸排版阶段

（1）展板版式设计如图 5-15 所示。

（2）根据展板设计评分表（表 5-3）对作品点评。

图 5-15　展板版式设计

表 5-3　展板设计评分表

项目与分数		评价参考标准	分项目分数	评分
成果与水平 15	排版展示制作	排版制作准确、规范、美观	10	
	创新与价值	作品在工艺、技术、效果方面具有一定的创新性，有一定应用价值	5	

点评：

　　设计排版能呈现方案的完整性，能突出展示重点和亮点，排版整体符合审美，色调和谐，但希望空间的分析和一些具体的设计思路分析能更详细展现，充分表达作者的设计意图。

三、学习任务小结

　　通过本次任务的学习，同学们已经了解了居住空间毕业设计的完整思路和表达形式，以及具体的评分标准，现附上整套毕业设计的评分表（表5-4），希望同学们能更清楚自己的设计思路和侧重点，更好地完成毕业设计。

表 5-4　毕业设计评分表

项目与分数		评价参考标准	分项目分数	评分
选题 10		符合本专业应用发展方向	5	
		结合项目实际，有一定实用价值	5	
态度 15		设计过程中工作态度端正	5	
		与教师及同组同学的沟通良好	5	
		工作进度控制和把握得当	5	
工作设计制作能力 30	信息收集及处理能力	能独立收集相关资料，并运用恰当	10	
	设计与制作能力	能理论联系实际，方案体现一定的分析、设计制作能力	10	
	工作能力	具有一定的独立工作能力，具有一定的团队协作能力	10	
成果与水平 45	设计说明	设计说明清晰，用语规范，分析恰当	10	
	平面图制作	图纸制作准确、规范、美观	10	
	效果图制作	图纸制作准确、规范、美观	10	
	排版展示制作	排版制作准确、规范、美观	10	
	创新与价值	作品在工艺、技术、效果方面具有一定的创新性，有一定应用价值	5	
总分			100	

四、课后作业

　　每位同学收集 5 套完整的居住空间毕业设计作品，并根据评分表做出点评，选择其中一套最满意的毕业设计做成 PPT 进行详细点评汇报。

　　本节表 5-1 ～表 5-4 也作为本章项目二至项目四的通用表格，见二维码。

毕业设计评分表

学习任务 二 商业空间选题

教学目标

（1）专业能力：通过分析商业空间设计案例，了解商业空间设计步骤与方法。培养学生对客户需求的分析能力和方案设计的能力。

（2）社会能力：培养学生团队协作能力，与团队及客户的沟通能力。

（3）方法能力：培养学生观察和分析能力、信息和资料收集能力创造性思维能力，信息提炼及应用能力；提升项目设计质量。

学习目标

（1）知识目标：能对客户需求以及周边人文及商业环境进行合理分析，并进行商业空间规划与设计。

（2）技能目标：能使用设计语言分析商业空间设计思路，并制作 PPT；能结合客户需求进行商业空间设计。

（3）素质目标：能有步骤地完成设计方案，具备团队协作能力和较好的语言表达能力，具有敬业的精神。

教学建议

1. 教师活动

（1）教师对前期收集的商业空间设计案例进行展示和分析，提高学生对商业空间全套设计方案的认识；鼓励学生查找和收集资料，并能对资料进行归纳和整理；引导学生进行综合研究，训练学生的表达能力；运用评分表格，指导学生对商业空间设计案例评析进行点对点规范评分，使学生理解各个知识技能在整个毕业设计中的占比。

（2）遵循教师引导、以学生为主体的原则，以小组学习的形式，发放商业空间设计点评任务书，引导学生分组讨论，根据小组讨论结果制作评分分析 PPT，并组织学生分组汇报，让学生发扬团队合作的精神，完成测评任务。最后由教师对学生测评结果进行评价。

2. 学生活动

根据教师发放的商业空间设计案例和任务书进行组内讨论并记录，制作评析 PPT，每组派代表进行讲解，训练学生的语言表达能力和沟通协调能力。

一、学习问题导入

今天我们来学习商业空间毕业设计方案的完整表达。同学们先思考完善的商业空间毕业设计方案应该具备哪些内容。请以组为单位，讨论总结一下。

毕业设计方案应该具备以下内容：项目背景、方案的制作（包括区位分析图、平面图、功能分析图，效果图、设计说明）、图纸排版和方案汇报。

二、学习任务讲解

1. 商业空间项目选题方向评析

（1）作者对选题方向的阐述。

本方案是中山先行展示制品有限公司在湖南长沙开发的一个商业项目——生活家居体验馆。该公司希望在此打造一个集全案设计、建材产品、建筑施工等一体化的商业中心。长沙市作为湖南省的省会城市，消费水平较高，但全屋定制、全案设计等企业、展厅较少。因此中山先行展示制品有限公司认为行业前景较好。

中国的经济水平逐步提高，国人的审美水平也不断提升，对品质生活的要求也越来越强烈。家永远是每个人心灵的港湾，将人心中最想要表达的空间展现出来，这样的空间才有灵魂。本案例利用空间营造氛围，采用氛围反衬空间的展示手法。与传统商业空间不一样的是，该空间内商品不再用展架展示，展品即空间。本案例希望通过空间设计，形成一种社会效应，唤醒每个人对家的追求，每个人都能在这里找到属于自己的专属定制。

（2）评析选课方向。

根据选题评分表（表5-1）对选题方向进行评析。

> **点评：**
>
> 本方案作为毕业生在实习公司的实际项目，该项目对行业发展、客户需求、所处场地都有较好的分析。从毕业设计立题来说，该毕业设计符合本专业的应用发展方向，项目有一定的前瞻性和可研究性，具有一定的实用价值。

2. 商业空间项目方案制作阶段

（1）地理位置分析及布局规划。

该项目位于湖南省长沙市宁乡市城郊街道，项目占地面积 $26570m^2$，建筑占地面积 $1530m^2$。外景平面如图5-16所示。原平面图如图5-17所示。

（2）方案的设计与制作。

① 平面布置图。

本案例为全屋整装展厅，一层布局主体的设计根据家装空间从外到里的顺序进行空间分隔和排列，打造更接近家的真实感和氛围。空间采用渐进式布局，进入接待大堂后的空间以客餐厅为主，然后逐步延伸到书房、会客室。一层空间的最后区域是一个未来智能家居展厅。在一层的平面布局中，直线与曲线相结合，注重空间节奏和韵律感的呈现。一层平面如图5-18所示。

二层由八个生活起居室展厅及一个定制设计办公空间组成，打造八种当今流行的设计风格。每一个设计风格形成一个独立区域，给业主不同的体验。二层平面图如图5-19所示。

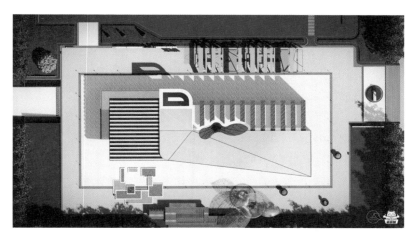

图 5-16　外景平面

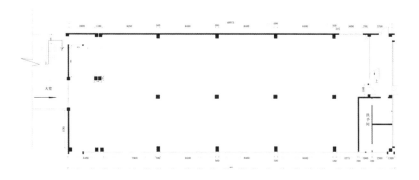

图 5-17　原平面图

图 5-18　一层平面图

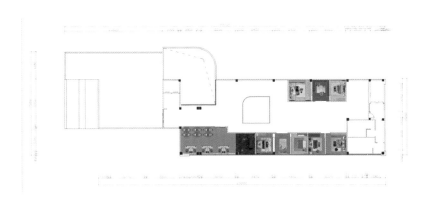

图 5-19　二层平面图

② 空间的装饰设计与效果图表达。

a. 大堂设计。

大堂是人进入商业空间产生的第一印象。在本案例的大堂空间设计中，在入门正对的区域设置体验馆的前台，大理石材质配合文化石墙面，既现代又典雅，其造型也表现出天圆地方的文化内涵。左边的推拉窗与入口大门形式相对应，既可增加采光又能保持空气流通。圆弧形拱门是通向主展厅的入口，是中国传统月洞门元素的提炼。窗的设计上利用中国园林景观设计中框景、借景的手法，把窗外的景色"借入"展厅，既能使空间通透，又为空间增添自然之美。大堂效果图如图 5-20 所示。

图 5-20　大堂效果图

b. 旁厅设计。

旁厅空间为建筑的"采光井"和"透气口"，其层高近 8m，大面积窗的设置让室内空间采光充足，室内明亮。空间以暖色调为主，地板选用了浅灰仿古砖，搭配硅藻泥肌理墙漆，电视背景墙用米黄色文化石材为主材，与米黄的硅藻泥形成协调关系。三个圆弧形的窗户引入室外自然景观，实现了空间的延伸。软装设计注重整体空间氛围的营造，选用暖色异形布艺沙发，与原木色阶梯座椅相协调。旁厅效果图如图 5-21 所示。

图 5-21　旁厅效果图

c. 展厅设计。

展厅是主体部分，在此将硬装和软装进行协调设计，用软装美化空间，用空间反衬软装饰，打破了传统的陈列式展示方法。顾客可以在每个样板间中寻找自己心仪的家。展厅效果图如图 5-22 和图 5-23 所示。

图 5-22 展厅效果图 1

图 5-23 展厅效果图 2

d. 未来功能展厅空间。

随着人们对室内空间品质要求的提高，智能化已成为室内空间设计的必然趋势。展厅空间以"未来"为主题，实现了现代智能家居一体化。椭圆形的展示台搭配弧线灯带、白色水磨石和镜面吊顶，让空间具有时尚、前卫、现代的韵味，让人想不断探索。展台上 3D 立体投影及巨幅曲面展示屏搭配 5D 音响效果，让顾客享受沉浸式智能家居的魅力，如图 5-24 和图 5-25 所示。

e. 户外空间。

户外空间是一个主题活动广场。广场上提供了更多的交互体验、休闲娱乐和户外休闲活动等。设计上采用现代简约线条搭配鱼肚白的石纹瓷砖，金属线条和灯带的光影交织，浅灰的仿古砖配上流动水景，生活气息与自然环境相互融合。这是商业展厅，更是休闲的公园，还是生活的角落，映照城市的未来。户外空间效果图如图 5-26 所示。

图 5-24　多功能影厅效果图 1

图 5-25　多功能影厅效果图 2

图 5-26　户外空间效果图

（3）评析空间设计与制作。

根据空间设计评分表对空间的设计与制作进行评析。

点评：

能通过团队协作完成资料的收集，小组讨论分析业主需求及客户定位，具有较好的团队协作能力。对市场和行业发展有自己的观点，设计分析和说明逻辑清晰，用语比较规范，能够进行准确的设计表达。设计程序和设计步骤有一定的条理，能熟练运用软件制作平面图和效果图，设计效果好，有一定的设计亮点。但在材质和结构收口等方面经验不足，后期项目落地仍需在施工图上多花功夫，空间软装搭配上色彩的使用仍有待提高。

图 5-27　展板版式设计

3. 商业空间图纸排版阶段

（1）展板版式设计如图 5-27 所示。

（2）根据展板设计评分表对作品点评。

点评：

　　设计排版能呈现方案的完整性，也能突出展示重点亮点，排版整体符合审美要求，色调和谐，但希望能加入项目的构思和创作过程，更有助于方案的呈现，也能充分表达作者的设计意图。

三、学习任务小结

通过本次任务的学习，同学们已了解了商业空间方向的毕业设计从构思、设计、表达到完稿排版的整套设计表达，以及具体的评分标准。同学们根据毕业设计评分表要求，清楚自己的设计思路和侧重点，完成毕业设计。

四、课后作业

每组同学收集 5 套完整的商业空间毕业设计作品，并根据评分表完成点评，选择其中一套毕业设计做成 PPT 进行点评汇报。

乡村民宿改造选题

教学目标

（1）专业能力：掌握乡村民宿改造设计的方法。

（2）社会能力：具备一定的乡村建筑设计能力。

（3）方法能力：具备设计方案图纸分析能力和绘制施工图能力。

学习目标

（1）知识目标：能了解乡村民宿改造的综合情况及分析解决实际现场出现的问题。

（2）技能目标：能根据乡村民宿使用需求制作合适的设计方案。

（3）素质目标：培养学生的业务组织能力，分析问题、处理问题的能力，协调管理的能力，团队合作能力等。

教学建议

1. 教师活动

教师讲解和示范乡村民宿改造设计的方法和绘图步骤，并指导学生进行实训。

2. 学生活动

学生认真聆听和观看教师讲解和示范乡村民宿改造设计的方法和绘图步骤，并在教师的指导下进行实训。

一、学习问题导入

今天我们来学习乡村民宿改造毕业设计方案的完整表达。同学们先思考一个完善的民宿改造的毕业设计方案应该具备哪些内容。

毕业设计方案应该具备以下内容：项目背景、方案的制作（包括区位分析图、平面图、功能分析图、效果图）和图纸排版和方案汇报。

二、学习任务讲解

1. 乡村民宿改造选题方向评析

（1）对选题方向的阐述。

该方案是位于广州市花都区炭步镇某村的民宿。该村已有 650 多年的历史，现保存完整的明清时期的青砖建筑有近 200 座。其中，祠堂和书院有近 30 座，村内有 20 多条古巷，历史悠久，是改造为民宿的合适选址。本案例希望结合原有的地貌特征，营造清新、舒适的环境，将其变为游客首选的居住场所。

（2）评析选题方向。

根据选题评分表对选题方向进行评析。

点评：

本方案的设计者选择了一个适合改造为民宿的区域，该区域历史悠久，民族文化气息浓厚，环境舒适，符合本专业的应用发展方向，同时项目能结合实际，具有一定的实用价值，但是项目未能结合企业的实际案例，创意设计成分较高，而具体的落实成分相对减弱。

2. 乡村民宿改造项目方案制作阶段

（1）地理位置分析及布局规划。

古村落是一个地区历史文化沉淀的场所，是最能体现当地民俗和风土人情的地方，能够让游客体验古建筑的历史文化。设计规划充分挖掘和突出当地文化元素，以保留并凸显古风古韵为前提，在形式上进行创新。本案的民宿一共有 14 间房屋和 3 个宅基地需要进行改造，其所在村落街道示意图如图 5-28 所示。现对其中一套房子原始建筑平面图（图 5-29）进行改造。

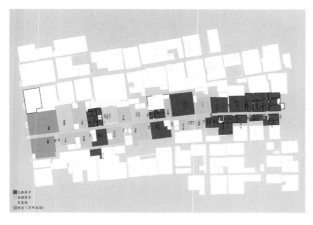

图 5-28　街道示意图

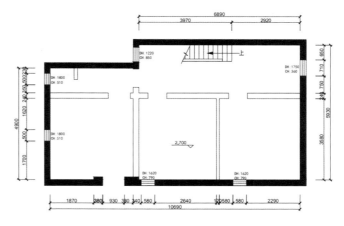

图 5-29　原始建筑平面图

（2）方案的设计与制作。

① 平面布置图。

一层建筑原有的楼梯非常狭小，给人一种非常压抑的感觉。因此，将建筑原有的楼梯拆除。在客房外新建一个钢结构楼梯，使空间规划更加合理。一层空间布局了两间双人房供旅客居住，房间都设置了独立的卫生间。入户门左侧则设置为布草间，供工作人员为旅客更换床上用品。一层平面布置图如图 5-30 所示。

二层主要布局了两间大床房供旅客居住，房间内设置了独立的卫生间。楼梯处设置露台供旅客休闲活动。二层平面布置图如图 5-31 所示。三层原来是一个完整的露台，在设计时加建墙体作为厨房和餐厅，这样能让室内空间的功能得到优化和完善。三层平面布置图如图 5-32 所示。

② 空间的装饰设计与效果图表达。

a. 民宿外观设计。

明清时期的建筑群多为青砖白瓦，在设计外立面时要充分考虑周围的环境，并结合当地的历史文化与建筑风格、建筑样式进行设计。本案例的外立面设计造型古朴，材料选用当地的灰砖，经济、适用。外立面效果图如图 5-33 所示。

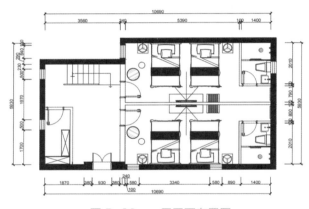

图 5-30　一层平面布置图

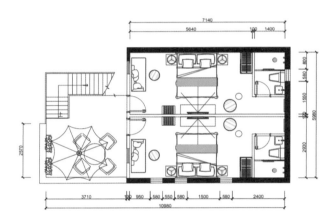

图 5-31　二层平面布置图

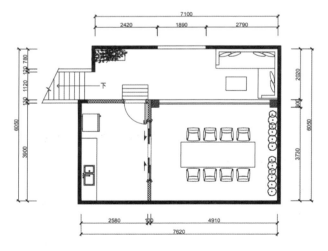

图 5-32　三层平面布置图

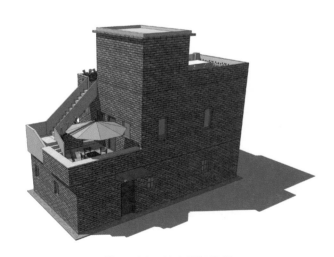

图 5-33　外立面效果图

b. 客房设计。

因房屋窗户偏小，采光不够，设计时设置了多光源。房间床品舒适，选用白色床品，给人一种干净、整洁的感觉。床尾布与枕头选用的是与外立面青砖相近的青色作为点缀色。地板和天花以及家具都是浅木色的，给人一种清新、素雅、自然的感觉。一层和二层卧室效果图如图 5-34 和图 5-35 所示。

图 5-34 一层卧室效果图

图 5-35 二层卧室效果图

c. 户外空间设计。

庭院景观是与主体建筑相配套的空间。本案例的景观设计定位为诠释禅宗美学意境的空间，以禅修为主题，体现禅文化，打造旅客的心灵栖息地。院子用防腐做地板，还设置了石灯和石汀步，墙边设计了花坛，缓解了 3.6m 高的围墙给人的不适感。院子西侧设置了一个户外交流空间，提高人的参与度，客人们可以坐在室外的木桌前听着潺潺的水幕跌落声畅谈闲聊，也可以三三两两地在烧烤区用餐。户外空间效果图如图 5-36 ~ 图 5-38 所示。

图 5-36 户外空间效果图 1

图 5-37　户外空间效果图 2　　　　　　　　　　　　　　图 5-38　户外空间效果图 3

（3）评析空间设计。

根据空间设计评分表对空间的设计与制作进行评析。

点评：

　　能独立收集相关资料，清晰地分析了民宿空间设计的定位，充分利用乡村振兴、乡村资源优势，既能够为游客提供地域文化特色服务，也能够带来良好的效益，促进乡村民宿发展。民宿设计程序和步骤条理清晰，能够独立完成设计任务，同时具有一定的团队协作能力。设计说明逻辑清晰，用语规范，能够进行准确的设计表达，平面图和效果图制作比较美观，达到毕业设计要求的表达效果，能结合当地文化进行设计，亮点突出。不足之处是民宿接待大厅等公共区域设计有待完善。

3. 民宿空间图纸排版阶段

（1）展板版式设计如图 5-39 所示。

（2）根据展板设计评分表对作品点评。

点评：

　　设计排版能结合方案的亮点和特色，展示整体的设计方案，前期调研、设计理念和设计效果图都能清晰地表达，整体色调符合审美要求。但一些重要的公共空间设计效果图表达没有展示在展板内，因此完整度稍有欠缺。

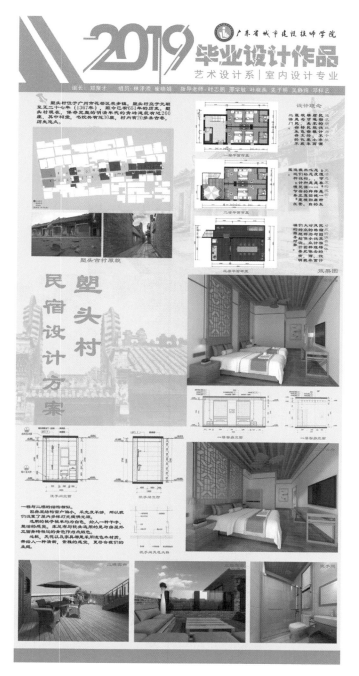

图 5-39　展板版式设计

三、学习任务小结

通过本次任务的学习，同学们已经了解到民宿设计方向的毕业设计完整思路和表达形式，以及具体的评分标准，请根据毕业设计评分表要求，清楚自己的设计思路和侧重点，更好地完成毕业设计。

四、课后作业

每组同学收集 5 套完整的民宿空间毕业设计作品，并根据评分表做出点评，选择其中一套毕业设计做成 PPT 进行详细点评。

学习任务 四 公共空间设计选题

教学目标

（1）专业能力：掌握公共空间设计的方法和步骤。

（2）社会能力：具备一定的公共空间设计与分析能力。

（3）方法能力：培养学生信息和资料收集能力，设计案例分析、提炼及应用能力。

学习目标

（1）知识目标：掌握公共空间各功能区域的设计手法。

（2）技能目标：能根据环境和项目需求制作合适的公共空间设计方案。

（3）素质目标：能够大胆、清晰地表述自己的设计方案，具备团队协作能力和一定的语言表达能力，培养自己的综合职业能力。

教学建议

1. 教师活动

教师讲解和示范公共空间设计的方法和绘图步骤，并指导学生进行实训。

2. 学生活动

学生认真聆听和观看教师讲解和示范公共空间设计的方法和绘图步骤，并在教师的指导下进行实训。

一、学习问题导入

今天我们来学习公共空间毕业设计方案的完整表达。公共空间毕业设计方案内容包括：项目背景、方案的制作（区位分析图、平面图、功能分析图、效果图）、图纸排版和方案汇报。

二、学习任务讲解

1. 公共空间项目选题方向评析

（1）对选题方向的阐述。

本方案选择广东省罗定市城镇的艺术馆，希望通过艺术馆在城镇中推广艺术文化，从而使艺术走进城镇，陶冶城镇居民的艺术情操。项目设计理念从人的角度出发，化被动为主动体验，让城镇居民在生活中体验艺术。艺术馆在色调上以不同层次的灰色调为主，加以不同的纯度色调变化；在材质上以水泥和金属为主。

（2）评析选题方向。

根据选题评分表对选题方向进行评析。

点评：

本方案的设计者选择了一个城镇公共空间进行设计，该项目以加强城镇精神文明建设为依托，把艺术馆融入交互设计构建人机体验空间，拥有相对详细的客户需求，地点和气候都有完整的数据，因此符合本专业的应用发展方向，同时项目能结合实际，具有一定的实用价值，但是项目未能结合企业的实际案例，创意设计成分较高，而具体的落实成分相对减弱。

2. 公共空间项目方案制作阶段

（1）地理位置的分析及布局规划。

艺术馆位于江边，地形平坦，距离主干马路 200m 左右，交通方便。项目面积 4116.4m²，首层面积 1371.82m²，二层面积 1375.32m²，三层面积 1369.26m²。区位图和建筑环境平面图分别如图 5-39 和图 5-40 所示。

（2）项目功能空间划分及布局规划。

① 平面布置图。

首层布局主要是展览空间，分为插画版画、陶艺两个展览区域。功能上设置了观展游客休息区以及馆区纪念品店。各个展厅的空间格局有疏有密，丰富了整个线性体验过程。一层平面图如图 5-41 所示。二层主要为装置艺术、摄影展览和办公空间。二层平面图如图 5-42 所示。三层设置为画廊、花房和研究空间等。三层平面图如图 5-43 所示。

项目五
毕业设计实例评析

147

图 5-39　区位图

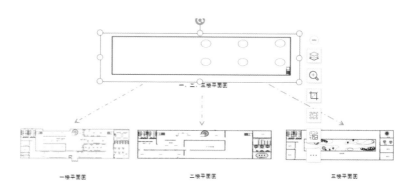

图 5-40　建筑环境平面图

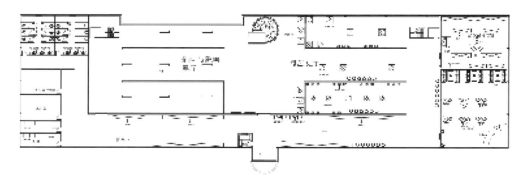

图 5-41　一层平面图

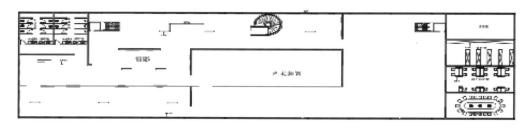

图 5-42　二层平面图

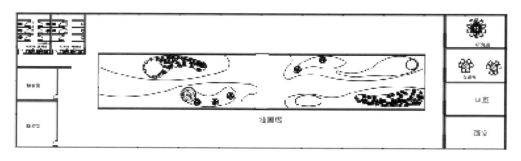

图 5-43　三层平面图

② 建筑外观和材质分析。

　　项目建筑外观主要采用了清水混凝土、大理石、玻璃、硅藻泥等材料。建筑材质分析如图 5-44 所示。建筑外观立面图如 5-45 和图 5-46 所示。

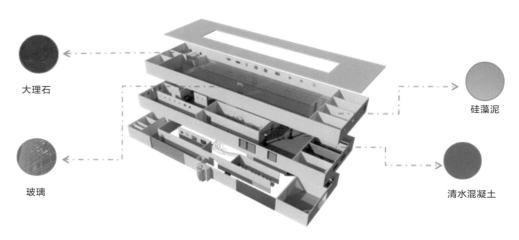

大理石

硅藻泥

玻璃

清水混凝土

图 5-44　建筑材质分析

图 5-45　建筑外观立面图 1

图 5-46　建筑外观立面图 2

③ 空间的装饰设计与效果图表达。

a. 一层展区。

一层展区主要为插画、版画、陶艺艺术展区，白色漆面墙体结合玻璃墙体以及水泥漆地面形成整个展区的格局和空间氛围。休息区与馆区纪念品店采用了北欧风格，草绿色与乳白色的色调结合原木、大理石等材质，烘托出舒适、清新的艺术氛围。一层展区效果图如图 5-47 ～图 5-52 所示。

图 5-47　插画、版画、陶艺
展区效果图 1

图 5-48　插画、版画、陶艺展区
效果图 2

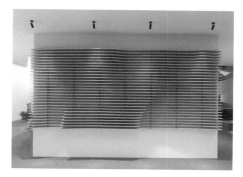

图 5-49　插画、版画、陶艺展区
效果图 3

图 5-50　插画、版画、陶艺
展区效果图 4

图 5-51　游客休息区效果图

图 5-52　纪念品店效果图

b. 二层展区。

二层主要为装置艺术、摄影展览和办公空间。墙面背景以冷色调的白色为主，突出展品的色彩和样式，以展览动线带动观展游客的流向。空间大量使用互动场景设计，注重观展游客的体验感。旋转楼梯成为二层展区的点睛设计，烘托出了灵动的艺术氛围。二层展区效果图如图 5-53 ～图 5-58 所示。

c. 三层展区。

三层展区主要为画廊、花房和研究空间等。三层展区以黑白灰冷色调为主，室内运用大量的绿植景观，营造出清新、自然的空间氛围，同时融入了高科技的全景 LED 仿真天花板，把真实的天空影像投放在 LED 屏上，模仿真实的户外光照、空气温湿度，让人如置身大自然，艺术与科技达到了完美的融合。三层展区效果图如图 5-59 ～图 5-62 所示。

图 5-53　二层展区效果图 1

图 5-54　二层展区效果图 2

图 5-55　二层展区效果图 3

图 5-56　二层展区效果图 4

图 5-57　二层展区效果图 5

图 5-58　二层展区效果图 6

图 5-59　三层展区效果图 1

图 5-60　三层展区效果图 2

图 5-61　三层展区效果图 3

图 5-62　三层画室效果图

（3）评析空间设计。

根据空间设计评分表对空间的设计与制作进行评析。

点评：

  该设计清晰地分析了新中式空间及其与自然互动的设计风格，设计程序和步骤有一定的条理，能够独立完成设计任务，同时具有一定的团队协作能力。设计说明逻辑清晰，用语规范，能够进行准确的设计表达，在平面图和效果图制作方面能熟练运用软件，同时达到比较完整的设计效果，设计亮点比较突出。但针对功能性细节的设计没有具体描述出来，因此该方案的实用性有待提高。

3. 公共空间图纸排版阶段

（1）展板版式设计如图 5-63 所示。

（2）根据展板设计评分表对作品进行点评。

点评：

  设计排版能呈现方案的完整性，也能突出展示重点和亮点，排版整体符合审美要求，色调和谐，但希望空间的分析和一些具体的设计思路分析能更详细，充分表达作者的设计意图。

图 5-63　展板版式设计效果图

三、学习任务小结

  通过本次任务的学习，同学们已经了解到公共空间方向的毕业设计的完整思路和表达形式，以及具体的评分标准，请根据毕业设计评分表，厘清设计思路和侧重点，更好地完成毕业设计。

四、课后作业

  每组同学收集 5 套完整的公共空间毕业设计作品，并根据评分表做出点评，选择其中一套毕业设计做成PPT 进行详细点评。

参考文献

[1] 贡布里希 . 艺术发展史 [M]. 范景中 . 译 . 天津：天津人民美术出版社，1991.

[2] 王受之 . 世界现代设计史 [M]. 广州：新世纪出版社，1995.

[3] 王晖 . 商业空间设计 [M]. 上海：上海人民美术出版社，2022.

[4] 严康 . 餐饮空间设计 [M]. 北京：中国青年出版社，2019.

[5] 董辅川 . 商业空间设计手册 [M]. 北京：清华大学出版社，2020.

[6] 周婉 . 餐饮品牌与空间设计 [M]. 南京：江苏凤凰科学技术出版社，2020.

[7] 叶柏风 . 居住空间设计 [M]. 北京：中国轻工业出版社，2019.